EDUCAÇÃO MATEMÁTICA DE JOVENS E ADULTOS

ESPECIFICIDADES, DESAFIOS E CONTRIBUIÇÕES

COLEÇÃO TENDÊNCIAS EM EDUCAÇÃO MATEMÁTICA

EDUCAÇÃO MATEMÁTICA DE JOVENS E ADULTOS

ESPECIFICIDADES, DESAFIOS E CONTRIBUIÇÕES

Maria da Conceição F. R. Fonseca

4ª edição

autêntica

Copyright © 2002 Maria da Conceição Ferreira Reis Fonseca
Copyright desta edição © 2024 Autêntica Editora

Todos os direitos reservados pela Autêntica Editora Ltda. Nenhuma parte desta publicação poderá ser reproduzida, seja por meios mecânicos, eletrônicos, seja via cópia xerográfica, sem a autorização prévia da Editora.

COORDENADOR DA COLEÇÃO TENDÊNCIAS EM EDUCAÇÃO MATEMÁTICA
Marcelo de Carvalho Borba
(Pós-Graduação em Educação Matemática/Unesp, Brasil)
gpimem@rc.unesp.br

CONSELHO EDITORIAL
Airton Carrião (COLTEC/UFMG, Brasil), Hélia Jacinto (Instituto de Educação/Universidade de Lisboa, Portugal), Jhony Alexander Villa-Ochoa (Faculdade de Educação/Universidade de Antioquia, Colômbia), Maria da Conceição Fonseca (Faculdade de Educação/UFMG, Brasil), Ricardo Scucuglia da Silva (Pós-Graduação em Educação Matemática/Unesp, Brasil)

EDITORAS RESPONSÁVEIS
Rejane Dias
Cecília Martins

REVISÃO
Cilene de Santis

CAPA
Alberto Bittencourt

DIAGRAMAÇÃO
Guilherme Fagundes

Dados Internacionais de Catalogação na Publicação (CIP)
(Câmara Brasileira do Livro, SP, Brasil)

Fonseca, Maria da Conceição Ferreira Reis
   Educação matemática de jovens e adultos : especificidades, desafios e contribuições / Maria da Conceição F. R. Fonseca. -- 4. ed. -- Belo Horizonte, MG : Autêntica Editora, 2024. -- (Coleção Tendências em Educação Matemática ; 5)

   Vários autores.
   Bibliografia.
   ISBN 978-65-5928-415-3

   1. Educação de Jovens e Adultos 2. Matemática - Estudo e ensino I. Título. II. Série.

24-200537   CDD-510.7

Índices para catálogo sistemático:
1. Educação de Jovens e Adultos : Matemática : Estudo e ensino 510.7

Eliane de Freitas Leite - Bibliotecária - CRB 8/8415

Belo Horizonte
Rua Carlos Turner, 420
Silveira . 31140-520
Belo Horizonte . MG
Tel.: (55 31) 3465 4500

São Paulo
Av. Paulista, 2.073 . Conjunto Nacional
Horsa I . Salas 404-406 . Bela Vista
01311-940 . São Paulo . SP
Tel.: (55 11) 3034 4468

www.grupoautentica.com.br
SAC: atendimentoleitor@grupoautentica.com.br

Nota do coordenador

A produção em Educação Matemática cresceu consideravelmente nas últimas duas décadas. Foram teses, dissertações, artigos e livros publicados. Esta coleção surgiu em 2001 com a proposta de apresentar, em cada livro, uma síntese de partes desse imenso trabalho feito por pesquisadores e professores. Ao apresentar uma tendência, pensa-se em um conjunto de reflexões sobre um dado problema. Tendência não é moda, e sim resposta a um dado problema. Esta coleção está em constante desenvolvimento, da mesma forma que a sociedade em geral, e a escola em particular, também está. São dezenas de títulos voltados para o estudante de graduação, especialização, mestrado e doutorado acadêmico e profissional, que podem ser encontrados em diversas bibliotecas.

A coleção Tendências em Educação Matemática é voltada para futuros professores e para profissionais da área que buscam, de diversas formas, refletir sobre essa modalidade denominada Educação Matemática, a qual está embasada no princípio de que todos podem produzir Matemática nas suas diferentes expressões. A coleção busca também apresentar tópicos em Matemática que tiveram desenvolvimentos substanciais nas últimas décadas e que podem se transformar em novas tendências curriculares dos ensinos fundamental, médio e superior. Esta coleção é escrita por pesquisadores em Educação Matemática e em outras áreas da Matemática, com larga experiência docente, que pretendem estreitar as interações entre a Universidade – que produz pesquisa – e os diversos cenários em que se realiza essa educação. Em alguns livros, professores da educação básica se tornaram também autores. Cada livro indica uma extensa bibliografia na qual o leitor poderá buscar um aprofundamento em certas tendências em Educação Matemática.

Neste livro, Maria da Conceição Ferreira Reis Fonseca apresenta ao leitor uma visão do que é Educação de Adultos e de que forma esta se entrelaça com a Educação Matemática. A autora traz para o leitor de Educação Matemática reflexões feitas por ela e por educadores que são referência para a área de Educação de Jovens e Adultos no país. Este quinto volume da coleção "Tendências em Educação Matemática" certamente irá impulsionar a pesquisa e a reflexão sobre o tema, fundamental do ponto de vista social e político.

*Marcelo de Carvalho Borba**

---

* Marcelo de Carvalho Borba é licenciado em Matemática pela UFRJ, mestre em Educação Matemática pela Unesp (Rio Claro, SP) doutor, nessa mesma área pela Cornell University (Estados Unidos) e livre-docente pela Unesp. Atualmente, é professor do Programa de Pós-Graduação em Educação Matemática da Unesp (PPGEM), coordenador do Grupo de Pesquisa em Informática, Outras Mídias e Educação Matemática (GPIMEM) e desenvolve pesquisas em Educação Matemática, metodologia de pesquisa qualitativa e tecnologias de informação e comunicação. Já ministrou palestras em 15 países, tendo publicado diversos artigos e participado da comissão editorial de vários periódicos no Brasil e no exterior. É editor associado do ZDM (Berlim, Alemanha) e pesquisador 1A do CNPq, além de coordenador da Área de Ensino da CAPES (2018-2022).

Sumário

Introdução 9

Capítulo I
Do que estamos falando quando falamos em
Educação Matemática de Jovens e Adultos? 13
A incorporação de pessoas jovens e adultas aos sistemas
e práticas escolares 16
Aspectos cognitivos na vida adulta e
a aprendizagem da Matemática 18
Sobre a identidade sociocultural de estudantes da EJA 24
A marca da exclusão escolar na
Educação Matemática de Jovens e Adultos 29
Para prosseguir na reflexão 34

Capítulo II
Demandas e contribuições do Ensino de Matemática
na Educação de Jovens e Adultos 37
O lugar de onde falo e a questão fundamental 37
Os papéis da Educação de Jovens e Adultos 39
Contribuições da Educação Matemática 44
A formação de professoras e professores de Matemática como
educadoras e educadores de pessoas jovens e adultas 48
Questões delicadas da Educação Matemática
de Jovens e Adultos 56

Ainda uma palavra sobre metodologia e avaliação 61

Para prosseguir na reflexão 61

Capítulo III
Ensino-aprendizagem da Matemática na EJA como espaço
de negociação de sentidos e constituição de sujeitos 63

A busca do sentido no (e para o) ensinar-e-aprender-Matemática-na-
Educação-escolar de Jovens e Adultos 64

A busca do sentido pela reinclusão do objeto na constituição dos
significados da Matemática que é ensinada e aprendida 65

A busca do sentido pela reinclusão do sujeito na constituição
dos significados da Matemática que é ensinada e aprendida 68

A busca do sentido pela reinclusão da história na constituição
dos significados da Matemática que é ensinada e aprendida 71

Para prosseguir na reflexão 74

Sugestões para um roteiro de leitura 75

Referências 89

Introdução

Este livro faz parte de uma coleção de títulos sobre Educação Matemática. Na seleção dos assuntos que seriam contemplados nessa coleção, destacou-se o tema da *Educação Matemática de Jovens e Adultos*, como, aliás, tem ocorrido na maioria dos fóruns de discussão e produção de conhecimento, tanto no campo da Educação Matemática[1] quanto no campo da Educação de Jovens e Adultos (EJA).[2] Assim, apesar de a quantidade de publicações sobre esse tema ser ainda relativamente pequena no Brasil,[3] a proposição de discussões a esse respeito tem sido cada vez mais frequente, em atendimento a uma demanda que se foi reconfigurando nos últimos anos.

Com efeito, não é pequeno o número e a diversidade de iniciativas que, voltadas para a redução dos índices de analfabetismo ou para a elevação das taxas de escolarização da população, vêm sendo empreendidas nas últimas décadas, ora ditadas pela consciência

---

[1] Os Encontros Nacionais de Educação Matemática, que reúnem, a cada três anos, educadores e pesquisadores envolvidos com as questões do ensino da matemática, têm contemplado, desde a sua sexta edição, realizada em 1998, em São Leopoldo (RS), e em todas as seguintes, a discussão da Educação Matemática de Jovens e Adultos, em sessões especiais, ao lado de outros temas considerados de destacada relevância para os educadores matemáticos.

[2] Nos últimos anos, entre os trabalhos aprovados e apresentados no Grupo de Trabalho sobre a Educação de Pessoas Jovens e Adultas nas Reuniões Anuais da Associação de Pós-Graduação e Pesquisa em Educação – ANPEd, há sempre um ou mais que se referem à Educação Matemática de Jovens e Adultos.

[3] Veja Referências no final deste volume.

ou preocupação social das instituições civis ou governamentais, ora forjadas por pressões da mídia e de agências nacionais ou internacionais. Tais iniciativas, muitas vezes desenvolvidas em parceria com, ou coordenadas por, setores e grupos sociais não diretamente vinculados à estrutura estatal, revelam a preocupação com as novas e constantemente renovadas demandas da sociedade tecnológica, que levam governos, empresários, movimentos sociais, igrejas, ou ONGs a investir, ou pressionar para que se invista, em projetos de EJA. Os projetos, em resposta a essas demandas, organizam-se de forma a habilitar trabalhadores para um novo mercado de trabalho, consumidores para um novo padrão (e novos produtos) de consumo, cidadãos para novas maneiras de exercício da cidadania.

Esses propósitos definidos para a Educação de Jovens e Adultos, e que permeiam a Educação Matemática que em seu âmbito se realiza, guardam ainda, entretanto, muito da perspectiva da *adaptação* do indivíduo, estudante jovem ou adulto da Educação Básica, aos modos de organização, produção e atribuição de valores de uma sociedade marcada por relações tão flagrantemente injustas que redundaram na própria necessidade de se estabelecerem programas de Educação Básica de Jovens e Adultos para aqueles que foram excluídos do sistema escolar quando crianças ou adolescentes.

Novos (e de algum modo contrastantes) sentidos são, porém, conferidos à EJA, quando sua função de *reparação de um direito negado* – enfatizada por sua relevância e urgência – insere-se num projeto maior de constituição de sujeitos de uma Educação que se pretende *"prática da liberdade"* (FREIRE, 1989).[44]

Uma reflexão que considere essas perspectivas – contrastantes na concepção, solidárias em algumas práticas – parece-nos fundamental na abordagem das questões da Educação de Jovens e Adultos e da Educação Matemática de Jovens e Adultos. Por isso, ao propor aqui a educadores matemáticos uma discussão que nos confronte com as conflitivas demandas e contribuições do ensino da Matemática na EJA,

---

[4] *Educação como prática da liberdade* foi o primeiro livro de Paulo Freire (1921-1995) publicado no Brasil. A primeira edição é de 1967. Ali se encontram as bases de uma filosofia da Educação, fundadas numa prática dialógica e antiautoritária, *"que nos conduz a pensar com o oprimido e não para o oprimido"* (GADOTTI, 1996).

Introdução

não me deterei em apontar, avaliar ou sugerir experiências e atividades de Educação Matemática, desenvolvidas em programas de Educação Básica dirigidos a esse público. Quero, antes, convocar o leitor para juntos voltarmos nossa atenção para a compreensão do sentido da experiência social e pessoal vivenciada por sujeitos, marcados pela exclusão escolar, e que, quando jovens ou adultos, inserem-se num contexto de ensino e aprendizagem da Matemática. Pretendo, ainda, suscitar indagações, compartilhar reflexões, sugerir perspectivas, através das quais educadores (e) pesquisadores possam iluminar sua prática e/ou sua investigação, ou melhor, possam contar com novos jogos de luzes *e sombras* para enfocá-las.

Foram essas preocupações que me levaram a dedicar o primeiro capítulo deste livro a um esforço de caracterização da Educação de Jovens e Adultos e, a partir daí, da Educação Matemática de Jovens e Adultos, não como uma *modalidade* de oferta de educação básica ou profissional, mas como uma ação pedagógica que tem um público específico, definido também por sua faixa etária, mas principalmente por uma identidade delineada por traços da exclusão sociocultural.

No segundo capítulo, a discussão se volta para as demandas e contribuições do ensino de Matemática na Educação de Jovens e Adultos, a partir da configuração dos papéis atribuídos aos projetos pedagógicos destinados a esse público.

Finalmente, o terceiro capítulo traz uma reflexão de natureza mais teórica, em que procuro tratar a questão da significação da Matemática que é ensinada e aprendida, inserindo-a num movimento de busca do sentido de ensinar e aprender Matemática na educação escolar de jovens e adultos.

Embora muitas dessas considerações possam ser aplicáveis ou adaptáveis a contextos diversos, minha abordagem estará dirigida à Educação *escolar* de Jovens e Adultos. Sem dúvida, não podemos deixar de reconhecer a riqueza e a relevância dos esforços e das práticas educativas para além do "ambiente de escola". A decisão, porém, de privilegiar a modalidade escolar do ensino da Matemática e da Educação de Jovens e Adultos marca, antes de mais nada, uma posição política em defesa do direito à Educação Básica – pública, gratuita e de qualidade – para todos; quer atender, ainda, a uma demanda recorrentemente expressa por professores de Matemática que trabalham com jovens e adultos e pesquisadores que voltam seu olhar investigativo para o ensino escolar da Matemática destinado a esse público, por subsídios mais específicos para sua prática docente (e) reflexiva.

Convido, assim, o leitor a uma reflexão sobre o ensino de Matemática na Educação de Jovens e Adultos, suscitada, alimentada e manifesta em experiências que temos desenvolvido, acompanhado, investigado ou apreciado, no confronto com a literatura sobre Educação, Educação Matemática e Educação de Jovens e Adultos.

Capítulo I

Do que estamos falando quando falamos em Educação Matemática de Jovens e Adultos?

Falar sobre Educação de Jovens e Adultos no Brasil é falar sobre algo pouco conhecido. Além do mais, quando conhecido, sabe-se mais sobre suas mazelas do que sobre suas virtudes.

A Educação de Adultos no Brasil se constituiu muito mais como produto da miséria social do que do desenvolvimento. É conseqüência dos males do sistema público regular de ensino e das precárias condições de vida da maioria da população, que acabam por condicionar o aproveitamento da escolaridade na época apropriada.

É este marco condicionante – a miséria social – que acaba por definir as diversas maneiras de se pensar e realizar a Educação de Jovens e Adultos. É uma educação para pobres, para jovens e adultos das camadas populares, para aqueles que são maioria nas sociedades do Terceiro Mundo, para os excluídos do desenvolvimento e dos sistemas educacionais de ensino. Mesmo constatando que aqueles que conseguem ter acesso aos programas de Educação de Jovens e Adultos são os com "melhores condições" entre os mais pobres, isto não retira a validade intencional do seu direcionamento aos excluídos.

(HADDAD, 1994, p. 86)

O trecho acima foi extraído da Conferência sobre as Tendências Atuais na Educação de Jovens e Adultos no Brasil, proferida pelo Prof. Sérgio Haddad no Encontro Latino-Americano sobre Educação de Jovens e Adultos Trabalhadores, realizado em Olinda (PE) em 1993. Ao destacá-lo aqui, como ponto de partida para a nossa reflexão sobre a Educação Matemática de Jovens e Adultos, quero enfatizar a caracterização antes social e cultural que etária na especificação do público da Educação de Jovens e Adultos (EJA), e que portanto pauta as decisões e práticas pedagógicas a serem avaliadas e assumidas no âmbito da Educação Matemática.

Marta Kohl de Oliveira (1999) explicita essa marca sociocultural como aspecto determinante na definição do que temos entendido como EJA, ao afirmar que

> esse território da educação não diz respeito a reflexões e ações educativas dirigidas a qualquer jovem ou adulto, mas delimita um determinado grupo de pessoas relativamente homogêneo no interior da diversidade de grupos culturais da sociedade contemporânea (p. 59).

Assim, quando falamos em Educação Matemática de Jovens e Adultos, não nos estamos referindo ao ensino da Matemática para o estudante universitário ou da pós-graduação, nem de cursos de Matemática que integram os currículos de programas de formação especializada para profissionais qualificados, ou de sessões de resolução de problemas matemáticos com finalidade terapêutica ou diagnóstica.

Estamos falando de uma ação educativa dirigida a um sujeito de escolarização básica incompleta ou jamais iniciada e que acorre aos bancos escolares na idade adulta ou na juventude. A interrupção ou o impedimento de sua trajetória escolar não lhe ocorre, porém, apenas como um episódio isolado de não acesso a um serviço, mas num contexto mais amplo de exclusão social e cultural, e que, em grande medida, condicionará também as possibilidades de reinclusão que se forjarão nessa nova (ou primeira) oportunidade de escolarização.

A marca da exclusão definirá um jogo de tensões bastante mais acirrado do que as daquele, já não pouco conflituoso, que estabelece as propostas, as realizações e as avaliações na Educação Básica de crianças e adolescentes. Arroyo (2001) atribui esse acirramento ao cruzamento de interesses que determinam decisões e práticas pedagógicas na EJA, e que são, em geral, muito "menos consensuais do que na educação da infância e da adolescência, sobretudo quando os jovens e adultos são trabalhadores, pobres, negros, subempregados, oprimidos, excluídos" (p. 10). Com efeito, em relação aos alunos da EJA e ao lugar social que se lhes deve atribuir, a sociedade, o mercado, o capital, as instituições e os indivíduos têm perspectivas diferenciadas e, não raro, concorrentes ou dificilmente conciliáveis, que condicionam "as concepções diversas da educação que lhes é oferecida" (*Ibidem*, p. 10) tanto quanto as condições políticas e materiais dessa oferta.

Assim, ainda que a designação "Educação de Jovens e Adultos" nos remeta a uma caracterização da modalidade pela *idade* dos estudantes a que atende, o grande traço definidor da EJA é a caracterização sociocultural de seu público, no seio da qual se deve entender esse corte etário que se apresenta na expressão que a nomeia. É com essa perspectiva que recomendo aos educadores matemáticos que se voltam para a EJA procurando compreender os estudantes "jovens e adultos como sujeitos de conhecimento e aprendizagem" uma leitura cuidadosa do texto de Oliveira (1999) já citado, que lhe foi encomendado pelo Grupo de Trabalho sobre Educação de Pessoas Jovens e Adultas[1] para apresentação na XXII Reunião Anual da ANPEd (Associação Nacional de Pós-Graduação e Pesquisa em Educação), por entenderem os pesquisadores e educadores ali reunidos tratar-se de uma questão fundamental para a reflexão, a definição de critérios e posturas e a proposição, realização e avaliação de projetos em EJA.

Naquele texto, a autora destaca três campos que contribuem para a definição do lugar social dos alunos da EJA: "a condição de 'não-crianças', a condição de excluído da escola e a condição de membros de determinados grupos culturais" (p. 60).

Neste primeiro capítulo, retomo esses três campos analisados por Oliveira, para tratá-los aqui sob a perspectiva das preocupações a eles relacionadas, que envolvem os educadores matemáticos, suas reflexões, seus projetos e suas práticas.

---

[1] Para designar o campo de práticas pedagógicas com pessoas jovens e adultas, temos preferido a expressão "Educação de Pessoas Jovens e Adultas" à expressão "Educação de Jovens e Adultos", por julgarmos a primeira mais abrangente sob o ponto de vista do gênero. Neste livro, escrito originalmente em 2002, adotamos, porém, em geral, a expressão consagrada na literatura e em textos oficiais e que designa legalmente a modalidade da Educação Básica – "Educação de Jovens e Adultos" –, destacando o gênero dos sujeitos a que nos referimos quando consideramos especificidades de sua participação nas práticas educativas, de sua motivação para tal participação e do modo como vivenciam sua repercussão - especificidades que, inevitavelmente, são atravessadas pelas relações de gênero.

A incorporação de pessoas jovens e adultas
aos sistemas e práticas escolares

A condição de *não criança* tem repercussões de diversas ordens do ponto de vista da incorporação do estudante ao sistema e às práticas escolares. Em primeiro lugar, está a luta pelo direito à Educação Básica. A Constituição de 1988 representou um avanço na direção da conquista desse direito ao estabelecer como obrigatório e gratuito – e dever do Estado – todo o Ensino Fundamental, e não apenas "a educação de crianças de sete a quatorze anos", como rezava a Constituição anterior. O Artigo 208 da Constituição Federal vigente (BRASIL, 1988), assegura que:

> O dever do Estado com a Educação será efetivado mediante a garantia de:
> I. Ensino Fundamental, obrigatório e gratuito, inclusive para os que a ele não tiveram acesso na idade própria;
> II. Progressiva extensão de obrigatoriedade e gratuidade ao Ensino Médio.

No entanto, o artigo 60 das disposições transitórias, que firmava um compromisso com a erradicação do analfabetismo em dez anos após promulgada a Constituição de 1988, portanto, até 1998, foi substituído, em 1996, por meio da emenda 14, que criou o Fundo de Manutenção e Desenvolvimento do Ensino Fundamental e de Valorização do Magistério (Fundef), que distribuiria verbas provenientes da arrecadação de impostos a municípios e estados, proporcionalmente ao número de matrículas efetuadas nas respectivas redes de ensino na Educação Fundamental. Naquele mesmo ano, o veto presidencial, porém, impediu que as matrículas efetuadas em Programas de Educação de Jovens e Adultos, promovidos por essas redes, fossem incluídas no cômputo que define o volume das verbas do Fundef para cada município ou estado. Dessa maneira, a partir de então, a garantia do direito à Educação Fundamental pública, gratuita e adequada a jovens e adultos ficaria submetida à *boa vontade* dos governos municipais e estaduais, que se dispusessem a promover e implantar projetos específicos para esse alunado também específico, sem contar com a verba do governo federal, que deveria, por força de lei, promover o acesso à escolarização fundamental *para todos*.[2]

Assim, a condição de *não criança* (adulto, jovem, adolescente acima dos 14 anos) para aquele que não concluiu o Ensino Fundamental, apenas do ponto de vista jurídico, já configuraria uma situação de restrição de oportunidades de acesso à escolarização.

Na prática, as redes poderiam optar por incorporar os alunos não crianças nas turmas ditas *regulares* do Ensino Fundamental, o que, com boa frequência, acaba implicando desenvolver um trabalho pedagógico não direcionado para as demandas e as possibilidades próprias de outras faixas etárias que não aquelas para as quais aquele nível de ensino foi originalmente idealizado.

Contribuem para essa inadequação uma gama de restrições de ordem material e, digamos, ideológica, que confina o projeto pedagógico e o funcionamento da escola *regular* nos limites de uma estrutura de tempos, espaços e currículos pouco permeáveis à flexibilização, seja das cargas horárias, dos horários de entrada e saída e da distribuição dos tempos escolares, seja dos modos de conceber, realizar e avaliar atividades didáticas, seja das instâncias de participação docente e discente nos fóruns de decisão político-pedagógica da escola. Somem-se a essas restrições os desconfortos e constrangimentos pelos quais não raro alunos e alunas não crianças confessam passar, que vão desde o simples fato de estar numa sala de aula lado a lado com crianças (ou adolescentes), que têm outro ritmo, outra expectativa, outra atitude, outras indagações e outro tipo de respostas no jogo das relações pedagógicas, até o incômodo físico imposto por instalações e mobiliário dimensionados para o porte infantil ou o incômodo estético causado pelo cenário ou pela trilha sonora, decorado ou selecionada segundo os temas e gostos da infância (e às vezes, mas muito mais raramente, da adolescência).

---

[2] Em 2007, o Fundo de Manutenção e Desenvolvimento da Educação Básica e de Valorização dos Profissionais da Educação (Fundeb) substituiu o Fundef. Esse fundo passa a atender, além do Ensino Fundamental, também a Educação Infantil, o Ensino Médio e a Educação de Jovens e Adultos (EJA). Em 2020, o Congresso Nacional do Brasil promulgou a Emenda Constitucional 108, que cria o Novo Fundeb, tornando-o permanente.

Restrições ligadas à estrutura escolar pouco flexível se se fazem sentir nas diversas práticas e cenários escolares, tendem a fazê-lo de modo especialmente marcante no ensino da Matemática, já, por si mesmo, tradicionalmente refratário a grandes (e pequenas) flexibilizações. Mitos como o da linearidade com que se deve apresentar os conteúdos matemáticos aos alunos, ou o da necessidade de vencer completamente uma etapa para passar à subsequente, ou o da estabilidade e da obrigatoriedade do cumprimento do programa, ou o da clareza inequívoca com a qual se pode definir o que é certo e o que é errado, *em Matemática*, já têm encontrado críticos sagazes na literatura e desafiantes competentes na elaboração, realização e produção de subsídios de práticas inovadoras.[3] No entanto, esses mitos ainda persistem – de forma predominante e explícita, ou no aparato ideológico, não confesso, mas determinante – nos fazeres docentes, nas propostas pedagógicas, nas decisões sobre as trajetórias e destinos da vida escolar dos alunos. Assim, o ensino de Matemática se configura muitas vezes como foco de resistência às investidas contra estruturas e práticas escolares tradicionais, resistência que se pretende legitimada pela *natureza do conhecimento matemático*, arrolada como algo intrínseco à Matemática e não forjado na representação calcada na versão escolar desse conhecimento, como se se constituísse independentemente dos "propósitos da escola quanto a essa disciplina" e de sua "íntima relação com o que a escola privilegia no processo de seleção e organização dos saberes a serem transmitidos por ela" (AUAREK, 2000, p. 114).

Aspectos cognitivos na vida adulta e a aprendizagem da Matemática

Entretanto, as dificuldades da concepção de uma proposta pedagógica que considere a condição de não crianças de seus alunos não

---

[3] Vejam-se, por exemplo, reflexões propostas por D'Ambrosio (1985; 1990; 2001) e Knijnik (1996; 2000; 2003; 2006); e vivências e tensionamentos narrados nos estudos de Adelino (2009); Araújo (2001; 2019); Capucho (2012); Cabral (2007); Cardoso (2002); Carvalho (1995); Faria (2007); Ferreira (2009); Grossi, (2021); Monteiro (1991); Lima, C. (2012); Lima, L. (2015); Lima, P. (2007); Miranda (2015); Schneider (2010); Silva (2013); Simões (2010; 2019); Souza (2008); Vasconcelos (2011); e Wanderer (2001).

estão relacionadas somente aos entraves provenientes das limitações impostas pela estrutura e pelos propósitos escolares. Mesmo que a escola e seus professores estejam imbuídos da disposição de elaborar e implementar um projeto pedagógico voltado especificamente para o público da EJA, enfrentarão os desafios próprios de uma seara pouco trilhada, ou trilhada com o suporte relativamente frágil de uma reflexão teórica ainda incipiente.

Com efeito, não apenas é deficitária a pesquisa em Educação de Jovens e Adultos, em relação à diversidade e à relevância de suas questões, como são também raros os estudos que a poderiam subsidiar, em particular no campo da psicologia, de onde se poderia esperar contribuições, por exemplo, para a reflexão sobre as características dos processos cognitivos na vida adulta.

Oliveira (1999) assinala a considerável limitação de estudos na área da psicologia que subsidiam a compreensão dos processos cognitivos do aprendiz não criança:

> as teorias do desenvolvimento referem-se, historicamente, de modo predominante à criança e ao adolescente, não tendo estabelecido, na verdade, uma boa psicologia do adulto. Os processos de construção do conhecimento e de aprendizagem dos adultos são, assim, muito menos explorados na literatura psicológica do que aqueles referentes às crianças e adolescentes (p. 60).

A pequena atenção dedicada ao desenvolvimento humano após a adolescência pode estar relacionada a um modo de conceber a idade adulta, "tradicionalmente encarada como um período de estabilidade e ausência de mudanças" (*Ibidem*, p. 60). Se essa perspectiva da idade adulta ainda grassa em algumas abordagens psicológicas, no senso comum é que ela encontra sua expressão mais pessimista, que se traduz na descrença em relação às capacidades de aprendizagem do adulto.

Particularmente em relação ao conhecimento matemático, os próprios alunos assumem o discurso da dificuldade, da quase impossibilidade, de "isso entrar na cabeça de burro velho[4]", numa versão

---

[4] O "burro velho" a que se referem é, muitas vezes, um jovem ou uma jovem na flor de seus 20 anos.

etária do que Magda Soares (1986) chama de "ideologia do dom", segundo a qual, "as causas do sucesso ou do fracasso na escola devem ser buscadas nas características dos indivíduos" (p. 10). Nessa versão, da mesma forma que para o aprendizado da Matemática, concorreriam, de maneira decisiva, a aptidão ou o talento pessoal para lidar com ela, outra característica do aprendiz, também individual e inexorável, definiria suas possibilidades de sucesso ou fracasso: sua idade. O discurso sobre a *dificuldade* da Matemática, incorporado pelos alunos da EJA, mesmo pelos que iniciam ali sua experiência escolar, deixa-se, pois, permear por mais uma marca da ideologia, que faz com que sejam raras as alusões a aspectos sociais, culturais, didáticos, ou mesmo de linguagem ou da natureza do conhecimento matemático como eventuais responsáveis por obstáculos no seu aprendizado (cf. FONSECA, 2001, p. 202-210). Pelo contrário, os alunos (ecoando aí discursos veiculados ou sugeridos por educadores e pelas instituições educacionais) parecem devotar às limitações do próprio aprendiz – incluídas aí as limitações definidas por sua *idade avançada* e *inadequada ao aprendizado* – os percalços no fazer e no compreender matemáticos, liberando as instituições e suas práticas, as sociedades, os modelos socioeconômicos e as (o)pressões culturais, e chamando para si – e para uma condição irreversível – a responsabilidade por um *provável* fracasso nessa nova ou primeira empreitada escolar.

Essa perspectiva de imputar à idade do aprendiz uma responsabilidade *orgânica* por eventuais dificuldades no aprendizado, apesar de frequente no senso comum, não encontra respaldo em estudos (que, como vimos, são raros) sobre o funcionamento intelectual do adulto. Ao afirmar que "as pessoas humanas têm um bom nível de competência cognitiva até uma idade avançada (desde logo, acima dos 75 anos)", Palácios (1995, p. 312) aponta para um redimensionamento das considerações sobre a natureza das condições que determinam as possibilidades de aprendizagem e construção de conhecimento na idade adulta, apoiando-se na posição de psicólogos evolutivos, cada vez mais convencidos de que o que determina o nível de competência cognitiva das pessoas mais velhas não é tanto a idade em si mesma quanto uma série de fatores de natureza diversa.

Entre esses fatores, Palácios destaca o nível de saúde, o nível educativo e cultural, a experiência profissional e o tônus vital da pessoa (sua motivação, seu bem-estar psicológico...). Seria, portanto, desprovido de sustentação na Psicologia atribuir eventuais dificuldades de aprendizagem de alunos adultos à sua idade cronológica, o que nos obriga a uma reflexão mais cuidadosa sobre os fatores que determinariam as condições de enfrentamento das demandas de natureza cognitiva desses sujeitos.

A idade cronológica, entretanto, tende a propiciar oportunidades de vivências e relações, pelas quais crianças e adolescentes, em geral, ainda não passaram. Mesmo que estruturas socioeconômicas e culturais imponham uma entrada cada vez mais precoce em algumas dimensões da vida adulta, os modos como os velhos,[5] os adultos, os jovens, os adolescentes ou as crianças se inserem nessas dimensões são sensivelmente diferentes.

Esse modo diferenciado de inserção no mundo do trabalho e das relações interpessoais define modos também diferenciados de relação com o mundo escolar e de perspectivas, critérios e estratégias de produção de conhecimento. As experiências de EJA das quais temos participado ou que temos acompanhado têm-nos colocado uma série de questionamentos a respeito das características próprias que distinguem não apenas a cognição infantil da cognição de sujeitos não crianças como também diferenciações consideráveis nas relações que sujeitos adultos, de um lado, e sujeitos jovens, de outro, estabelecem com o conhecimento e os modos de conhecer. Não é, pois, surpreendente que a maioria das redes públicas que se propõem a oferecer EJA estejam hoje diante de contradições de difícil enfrentamento, por incluir nessa modalidade de ensino não apenas jovens e adultos (que já constituem universos bastantes diferenciados), mas também um número significativo, não raro

---

[5] Embora sejam raros Projetos de Educação Escolar destinados exclusivamente para pessoas em idades mais avançadas, Projetos de Alfabetização costumam ter entre seus alunos, senhoras e senhores sexagenários ou ainda mais velhos. A reflexão sobre as características próprias dos modos de conhecer, avaliar, memorizar das pessoas mais velhas deveriam permear também as decisões e práticas pedagógicas desses projetos. Sobre essas características, recomendamos vivamente o livro *Memória e Sociedade: lembranças de velhos* de Ecléa Bosi (1995).

majoritário, de estudantes adolescentes inseridos em seus projetos de EJA (frequentemente caracterizado apenas por se tratar de ensino noturno, na modalidade *suplência*) porque estão *fora de faixa* (faixa etária *adequada* à série que está cursando).

Com efeito, especialmente em relação à aprendizagem da Matemática,[6] temos observado traços muito próprios da relação do aprendiz adulto com o conhecimento matemático e com a situação discursiva em que se forja (e que é forjada por) seu aprendizado escolar.

Em primeiro lugar, naturalmente, emerge uma relação utilitária, no âmbito da qual o sujeito demanda não apenas o conhecimento que lhe seria de alguma forma necessário para o enfrentamento (urgente) das situações de sua vida (e de sua luta diária) – "porque eles sabem onde é que está o furo da bala, pelo lado que eles são explorados" (MST, 1994, p. 1) –, mas também a explicitação da utilidade desse conhecimento, não só porque o justifica, mas porque lhe fornece, à sua relação adulta com o objeto do conhecimento, algumas chaves de interpretação e produção de sentido.

Essa demanda, entretanto, precisa ser contemplada num exercício dialético de confronto com as estratégias que jovens e adultos construíram ou adquiriram em situações extraescolares para a solução dos problemas cotidianos. Esse confronto exige ser delineado como uma relação de interlocutores adultos – e que não deixam de sê-lo porque uns detêm saberes com maior ou menor valorização social – que, como tal, assumem posições de sujeito na negociação de saberes e sentidos que se estabelecem nas (e estabelecem as) relações de ensino-aprendizagem.

Mas, para além da dimensão utilitária, os sujeitos da EJA percebem, requerem e apreciam também sua dimensão formativa, numa perspectiva diferenciada daquela assumida pelas crianças ou no trabalho com elas. Os aspectos formativos na educação da infância têm, em boa medida, uma referência no futuro, naquilo que os alunos virão a ser, enfrentarão, conhecerão... Na educação de adultos, no entanto, os aspectos formativos da Matemática adquirem um caráter

---

[6] *Especialmente* porque, dada a nossa formação, é o campo em que nos parece mais fácil observar esse fenômeno; mas, além disso, vale o destaque porque contribui para a desmistificação da neutralidade do conhecimento matemático e de sua invulnerabilidade às influências dos sujeitos, das culturas e dos contextos.

de atualidade, num resgate de um vir-a-ser sujeito de conhecimento *que precisa realizar-se no presente.*

Com efeito, as situações de ensino-aprendizagem da Matemática permitem-nos momentos particularmente férteis de construção de significados realizados conscientemente pelo aluno. Ou seja, a natureza do conhecimento matemático, ao prover o próprio sujeito que *matematica*[7] de estratégias de organização e controle de variáveis e resultados, pode proporcionar experiências de significação passíveis de serem não apenas vivenciadas, mas também apreciadas pelo aprendiz.

É claro que tudo isso vale também para o aprendiz criança, mas a reflexão metacognitiva parece ser um exercício assumido com maior frequência e afinco pelo adulto que pelos mais jovens. Ao adulto, pensar sobre o que pensa e sobre como pensa, e falar sobre esse pensar, como forma não apenas de comunicar esse pensamento, mas de dar-lhe forma, critério, razão e importância social, é mais do que um exercício cognitivo individual: é uma ação social, é a conquista da perspectiva coletiva de um fazer antes solitário e que quer tornar-se comunitário nessa oportunidade – talvez única, provavelmente rara – de conhecimento solidário que a escola lhe pode proporcionar.

É sob essa perspectiva que o caráter formativo do ensino da Matemática assume, na EJA, um especial sentido de atualidade (cf. FONSECA, 1998, p. 80-81), quando se dispõe a mobilizar ali, naquela noite, precisamente naquela aula, uma emoção que é presente, que comove os sujeitos, jovens ou adultos aprendendo e ensinando Matemática, enquanto resgata (e atualiza) vivências, sentimentos, cultura, acrescentando, num processo de confronto e reorganização, mais um elo à história do conhecimento matemático.

O fato de os alunos de uma turma de EJA jamais terem convivido uns com os outros, antes de serem reunidos numa mesma classe, não impede que seus modos de conhecer e apreciar o mundo, de apreender ou construir esses modos de conhecimento e apreciação, sejam compartilhados na experiência escolar vivenciada na idade adulta e tomados como lembranças e construções coletivas. Todo processo

---

[7] O sujeito que usa, pensa, contesta, recria, inventa Matemática.

de construção de conhecimento, marcadamente o do adulto, aluno da EJA, é permeado por suas vivências, cuja lembrança é mobilizada em determinados momentos das interações de ensino-aprendizagem escolar, não porque se refiram a fatos de interesse exclusivamente pessoal, mas porque são justamente lembranças "que se encaixam no marco aportado por nossas instituições sociais – aquelas em que temos sido socializados – caso contrário, não se recordariam" (SHOTTER, 1990, p. 148).

Será, pois, na relação de estudantes da EJA, tomados como sujeitos socioculturais, com a instituição e a cultura escolar, que se forjarão os princípios de seleção do que é lembrado e do que é esquecido; das vivências que se há de considerar relevantes pelo sujeito e pelo grupo e daquelas para as quais ainda não se atribuíram significados socializáveis; do que se diz sobre elas e do que se silencia; e dos modos do dizer e do não dizer.

Sobre a identidade sociocultural de estudantes da EJA

Pelo caminho da reflexão sobre as estratégias metacognitivas de estudantes da EJA ou, acreditamos, por quaisquer outras vias, voltaríamos à questão da especificidade sociocultural desse alunado.

A diversidade das vivências e a diversidade das maneiras de com elas se relacionarem, que são patrimônio dos sujeitos, sejam jovens, adultos, adolescentes ou velhos, não impede que encontremos um modo de identificação para o público da EJA pela negação da condição infantil e, portanto, por seu não pertencimento ao grupo etário para o qual aquele nível de ensino foi originalmente concebido. Aqui vale uma outra identificação que também encerra uma negação: grupo ou grupos socioculturais aos quais pertencem os estudantes da EJA constituem parcelas da sociedade que só muito recentemente passaram a ser consideradas como público da Educação Escolar.

Com efeito, ainda que indivíduos pertencentes a esses grupos, eventualmente, estivessem inseridos no sistema escolar, não eram, entretanto, compreendidos enquanto sujeitos culturais por aquele sistema, estruturado, destinado e capacitado para a educação dos filhos da classe média, segundo preceitos e hierarquia de valores da cultura dominante.

Mudanças significativas na Educação Brasileira nas últimas décadas do século XX, marcadas principalmente pela universalização do acesso à escola, estabeleceram, no entanto, a necessidade de um radical redimensionamento na concepção do público da escolarização. A democratização do acesso à escola (não necessariamente acompanhada da democratização da própria escola) redefiniu o perfil do alunado atendido pela escola pública, diversificado em sua composição sociocultural e portador de novas e diferentes demandas sociais a serem apresentadas à Escola.

Essas transformações obrigariam a uma reconfiguração das propostas pedagógicas, especialmente para os sistemas públicos de ensino, e, de modo muito particular, definiriam a necessidade de um novo equacionamento das iniciativas da Educação de Jovens e Adultos (EJA). Quer no âmbito dos grandes esforços institucionais, quer restritas ao planejamento das atividades pedagógicas, essas iniciativas precisariam buscar apresentar-se como respostas a demandas e balizarem-se por condições específicas de seu público. Nesse contexto, a escola viria de público confessar desconhecer esse seu novo aluno e iniciaria um movimento voltado para a concepção de estratégias, para a elaboração e a aplicação de instrumentos, para o tratamento e a organização de dados e para a interpretação dos diagnósticos do público da EJA.[8]

Aqui, entretanto, interessa-nos delinear um recorte próprio da questão da identidade sociocultural dos alunos da EJA, em relação aos processos e oportunidades de ensino-aprendizagem da Matemática escolar.

---

[8] Listamos abaixo alguns documentos que sugerem a preocupação de governos municipais, estaduais e federal com a realização de diagnósticos do público da EJA: BAHIA. Secretaria da Educação e Cultura. Departamento de Educação Continuada. Diagnóstico da situação educacional no Estado da Bahia: indicações para a educação de adultos. Salvador, 1985, 653p. SÃO PAULO (Cidade). Secretaria de Educação. SME – Diagnóstico: grupo de trabalho 10.12.88. São Paulo, 1988, 13p. SÃO PAULO (Estado). Secretaria de Educação. Diagnóstico e enfrentamento da realidade da Educação de Jovens e Adultos de São Paulo. São Paulo, 1996. Não paginado. IPATINGA. Secretaria de Educação, Cultura, Esporte e Lazer. Diagnóstico Supletivo 93: Plano Supletivo 94. Ipatinga, [199-]. Não paginado. MEC. Diagnóstico da situação educacional de jovens e adultos. Brasília, 2000, 59p. Vale destacar, ainda, a iniciativa do Instituto Paulo Montenegro e da Ação Educativa de realizar anualmente a pesquisa do Indicador Nacional de Alfabetismo Funcional – INAF – que avalia as habilidades da população brasileira de 15 a 64 anos no uso da leitura, da escrita e da matemática.

A despeito das diversidades das histórias individuais, a identidade sociocultural dos alunos da EJA pode ser tecida na experiência das possibilidades, das responsabilidades, das angústias e até de um quê de nostalgia, próprios da vida adulta; delineia-se nas marcas dos processos de exclusão precoce da escola regular, dos quais sua condição de aluno da EJA é reflexo e resgate; aflora nas causas e se aprofunda no sentimento e nas consequências de sua situação marginal em relação à participação nas instâncias decisórias da vida pública e ao acesso aos bens materiais e culturais produzidos pela sociedade.

A essa identificação sociocultural corresponderá também uma identidade nos modos de relação com as instituições sociais. Em particular, nas interações que têm lugar, ocasião e estrutura oportunizadas pelo contexto escolar e, mais do que isso, num contexto de *retomada da vida escolar*, os sujeitos privilegiarão os modos de relação com a Escola, modos de relação socioculturalmente compartilhados, nos processos de tematização e rematização (ILARI, 1992) pelos quais se constroem suas participações naquelas interlocuções.

Como situações típicas do contexto escolar, as interações que constituem as (e se constituem nas) oportunidades de ensino-aprendizagem da Matemática Escolar serão fortemente marcadas por esses modos de relação, definindo as posições assumidas pelos sujeitos (professores e alunos) no jogo interlocutivo que ali se processará. Serão, mais uma vez, estabelecidas como um jogo de tensões entre a linha argumentativa das práticas cotidianas, pautadas na experimentação e numa verbalização coloquial, e um conjunto de critérios estruturados num corpo de conhecimentos organizado sob a égide da lógica dedutiva, ainda que muitas vezes concebido com os recursos da indução, da intuição e do empirismo. Serão espaços de confronto, explícito e didático, ou abafado e opressor, mas jamais ausente, de modos de perceber, avaliar, tomar decisões e pô-las em prática, permeados pelas representações de Escola, de Matemática, de Educação Matemática e de Educação de Jovens e Adultos, gestadas nas práticas observadas, vivenciadas, sonhadas ou temidas por esses atores, e (re)significadas nos discursos construídos nelas mesmas ou a partir delas. Serão arenas de negociação de significados, particularmente arriscadas, devido menos às sutilezas das linguagens (matemática, escolar, técnica, coloquial) que ao poder que se associa a sua conquista e a seu domínio.

Das experiências que acompanhamos como educadores, formadores de educadores, leitores, pesquisadores, não será difícil recordar episódios em que se estabelece o conflito na relação de ensino-aprendizagem: seja porque o aluno se recuse à consideração de uma nova lógica de organizar, classificar, argumentar, registrar que fuja aos padrões que lhe são familiares (essas situações são extremamente frequentes, por exemplo, na introdução do tratamento algébrico nos ciclos finais do Ensino Fundamental); seja, ao contrário, porque o próprio aluno se impõe uma obrigação de despir-se do conhecimento adquirido em outras atividades de sua vida social por julgá-lo menos "correto" ou inconciliável com o saber em sua formatação escolar. Situações-problema com as quais esse aluno está acostumado a lidar (como aquelas associadas às suas atividades profissionais), recursos que ele maneja com razoável destreza (cálculos mentais, estimativas, reconhecimento de proporcionalidades) podem tornar-se obscuros porque tomados por alunos e/ou professores como antagônicos ou prejudiciais à apropriação da Matemática em sua versão escolar.

No âmbito dessa reflexão, é natural que cause estranheza ao leitor não se tratarem aqui especificamente dos embates que se forjam nas situações de ensino-aprendizagem da Matemática para grupos culturais caracterizados mais homogeneamente por sua pertinência a uma etnia, região, atividade profissional etc...[9] Se optamos por não contemplá-los de modo especial neste momento não é, por certo, por sua menor relevância para as considerações que aqui tecemos. É, antes, por acreditar que, em tais situações, em que se explicitam as marcas culturais diferenciadas, o educador tende a estar mais atento (embora isso não signifique que ele consiga pautar sua prática pedagógica por essa atenção) em relação à existência e ao enfrentamento dessas tensões. Preocupa-nos, pois, não circunscrever a discussão sobre a especificidade sociocultural à abordagem de experiências de

---

[9] Há, nesta coleção, um volume assinado pelo professor Ubiratan D'Ambrosio, que trata especificamente dessa questão. Esse título, como outros que se dedicam à abordagem etnomatemática e aos quais nos referimos diversas vezes neste livro, é um importante suporte para educadores e pesquisadores que se dedicam à Educação de Jovens e Adultos.

EJA em que essa caracterização fica claramente definida por se tratar de um projeto educativo concebido para trabalhar com estudantes de comunidades com um perfil étnico, cultural, profissional, mais claramente delineado e reconhecido por educadores e educandos enquanto tal.

Nesta oportunidade, queremos, pois, alertar educadoras e educadores matemáticos de jovens e adultos para a especificidade e a identidade cultural de seu alunado, ainda que composto por indivíduos com histórias de vida bastante diferenciadas, mas todas elas marcadas pela dinâmica da exclusão. A compreensão desse caráter definidor do público da EJA impele-nos para uma inevitável e salutar[10] transformação na maneira de concebermos e nos posicionarmos em relação à negociação de significados e à construção de sentidos nas situações de ensino-aprendizagem da Matemática, ao considerarmos os alunos da EJA, ainda que provenientes de trajetórias diversas, naquilo que os identifica como grupo sociocultural.

Busca-se, aqui, convocar as instituições educacionais e os educadores, em particular, os educadores matemáticos, que se comprometem com uma política de inclusão e de garantia do espaço de jovens e adultos na Escola, a tomá-los, então, como sujeitos socioculturais, que, como tal, apresentam perspectivas e expectativas, demandas e contribuições, desafios e desejos próprios em relação à Educação Escolar. Isso implica uma disposição para a reflexão e para a consideração dessas especificidades no delicado exercício de abandono e de criação, de reordenação e de (re)significação das práticas pedagógicas da EJA, mormente aquelas que se integram ao conjunto de esforços de ensino-aprendizagem da Matemática e de reflexão e proposição de alternativas, a que temos chamado Educação Matemática:

> O campo da Educação Matemática é também um campo possível de contestação, onde a subversão pode estar a serviço de uma Educação que se contraponha aos processos de exclusão (KNIJNIK, 1998, p. 100).

---

[10] Essa reflexão é salutar inclusive para um repensar de nossa prática pedagógica dirigida a crianças e adolescentes.

A marca da exclusão escolar na
Educação Matemática de Jovens e Adultos

Não é raro tomar-se o fracasso em Matemática como *causa* da evasão escolar. Por mais infeliz que tenha sido, porém, a experiência ou o desempenho do sujeito no aprendizado da Matemática, dificilmente essa acusação, na verdade, procede.[11] Na realidade, os que *abandonam* a escola o fazem por diversos fatores, de ordem social e econômica principalmente, e que, em geral, extrapolam as paredes da sala de aula e ultrapassam os muros da escola.

Deixam a escola para trabalhar; deixam a escola porque as condições de acesso ou de segurança são precárias; deixam a escola porque os horários e as exigências são incompatíveis com as responsabilidades que se viram obrigados a assumir. Deixam a escola porque não há vaga, não tem professor, não tem material. Deixam a escola, sobretudo, porque não consideram que a formação escolar seja assim tão relevante que justifique enfrentar toda essa gama de obstáculos à sua permanência ali.

Para essa avaliação, com certeza, contribuirá o descrédito na instituição que lhe deveria ensinar aquilo que ele não aprendeu; ou a mágoa por se ver discriminado por não ter correspondido às expectativas de desempenho que sobre ele se fizeram pesar; ou o desânimo diante da ineficácia entediante ou violentadora das estratégias de ensino perpetradas enquanto ali permaneceu.

No mais das vezes, no entanto, o sujeito formulará a narrativa do processo de exclusão colocando-se a si mesmo como responsável por esse desfecho que redundou na sua saída da escola. Atribuir a um fracasso pessoal a razão da interrupção da escolaridade é um procedimento marcado pela ideologia do sistema escolar, ainda fortemente definida no paradigma do mérito e das aptidões individuais. Justifica o próprio sistema escolar e o modelo socioeconômico que o sustenta, eximindo-os da responsabilidade que lhes cabe na negação do direito à escola. Mascara a injustiça das relações de produção e distribuição dos bens culturais e materiais, num jogo de sombras

---

[11] Muitos alunos da classe média *fracassam* em Matemática, e nem por isso abandonam a escola.

assumido pelo próprio sujeito condenado à situação de exclusão que, tomando para si a responsabilidade pelo abandono da escola, sentir-se-ia menos vitimado e impotente diante de uma estrutura injusta e discriminatória.

Permanecerá, assim, um sentimento da exclusão do sistema escolar, identificado com a sensação de exclusão da dinâmica de ensino-aprendizagem. É nesse contexto que o insucesso na aprendizagem da Matemática configura-se como um elemento de considerável destaque na composição do quadro, dos mecanismos e das consequências desse processo de negação do direito à escolarização, e, mais, ao acesso a determinados modos de saber. Tal exclusão (da dinâmica de ensino-aprendizagem que se desenvolve na escola), embora tenha contornos muito mais amplos do que o das decisões didático-pedagógicas no âmbito de uma disciplina, encontra nelas formas de expressão mais, ou menos, explícitas.

Ao discutir como a situação de exclusão contribui para delinear a especificidade dos jovens e adultos como sujeitos de aprendizagem, Oliveira (1999) chama a atenção para as dificuldades na adequação da escola para atender um público que "não é o 'alvo original' da instituição" (p. 61). A autora aponta aspectos dos currículos, programas e métodos de ensino que sugerem como tais instrumentos e produtos da proposta pedagógica constroem-se a partir de suposições sobre o desenvolvimento intelectual e sobre vivências dos alunos, o que denuncia que eles foram "originalmente concebidos para crianças e adolescentes que percorreriam o caminho da escolaridade de forma regular" (*Ibidem*, p. 61). Constrangimentos, perda da referência ou desinteresse manifestos ou maldisfarçados pelos alunos refletem a inadequação dos procedimentos didáticos e das posturas pedagógicas que daí decorrem e redundam no afastamento (real ou atitudinal) do aluno dos palcos em que se desenvolvem as cenas do ensino-aprendizagem escolar. De certa forma, acrescenta a autora, "é como se a situação de exclusão da escola regular fosse, em si mesma, potencialmente geradora de fracasso na situação de escolarização tardia" (*Ibidem*, p. 62).

Os contornos da inadequação, porém, têm definições variadas. Em relação à Educação Matemática, podem assumir nuances diferenciadas, relacionadas a fatores diversos, entre os quais destacaríamos aqui, com base nas experiências vivenciadas e observadas, aqueles relativos ao próprio nível de escolarização a que se referem.

Com efeito, na Educação Matemática que se realiza no âmbito dos projetos de *alfabetização* de adultos, o risco de uma inadequação identificada com a infantilização das estratégias de ensino e, entre elas, das atividades propostas aos alunos advém de uma transposição pouco cuidadosa de procedimentos concebidos no trabalho com crianças com idades inferiores a sete anos para o ensino de Matemática no contexto da EJA. A esses procedimentos muitos autores e documentos se têm referido como esforços de *alfabetização matemática*, querendo caracterizá-los como *primeiros contatos com a linguagem matemática*. Essa interpretação não nos parece lá muito adequada nem mesmo em se tratando de crianças nas fases iniciais de escolarização, uma vez que, antes da vivência escolar, muitos contatos já foram efetuados com a Matemática, e mesmo com sua linguagem. Entretanto, caberia falar em procedimentos de alfabetização matemática de jovens e adultos se ao termo atribuíssemos o sentido de um envolvimento consciente com práticas e critérios matemáticos, ou ainda, de um esforço pedagógico em prol dessa conscientização. Tal conscientização estaria marcada não só pela capacidade de selecionar e utilizar estratégias matemáticas de maneira eficaz, mas também pela visão crítica da função social das práticas e dos critérios, de sua seleção e de sua utilização, de suas expressões e de seus registros.

A construção do conceito de número, por exemplo, ainda é, muitas vezes, proposta por meio de procedimentos de associação de símbolos e nomes a quantidades (cf. ÁVILA, 1996), numa hipervalorização do aspecto cardinal do número (inadequada, inclusive no trabalho com crianças). Pior, porém, do que a desconsideração dos aspectos ordinal, métrico ou operatório do número (FREUDENTHAL, 1973) é a desconsideração das experiências de quantificação (cardinais, ordinais, métricas e operatórias) dos sujeitos jovens ou adultos, diferenciadas das experiências de quantificação das crianças, não apenas na diversidade de oportunidades em que se apresentam, mas, principalmente, nos modos de relação desses sujeitos com elas. Essa limitada e trivial transposição de atividades da educação infantil para a educação de adultos – "os brinquedos se transformam em frutas ou ferramentas, contudo se mantêm as seqüências, conteúdos e separações da educação infantil" (ÁVILA, 1996) –, atividades que seriam questionáveis mesmo se destinadas a crianças, ignora, ainda, que a construção do conceito de número é um processo, jamais completado, que se realiza no experienciar de relações cada vez mais complexas e diversificadas com números de magnitudes e funções também diversas. Assim, jovens e adultos, ainda que numa fase inicial de seu processo de aquisição do código escrito, em geral carregam uma história de relação com o número bastante sortida, a prestar-se como referência para o trabalho pedagógico, e um rol de demandas não menos abrangente (e que o acesso à escolarização tenderia a ampliar) que precisaria ser contemplado no processo de *alfabetização matemática* promovido pela escola.

A pouca ou nenhuma consideração para com essas demandas e contribuições apresentadas por estudantes adultos não deriva apenas de uma concepção didática tradicionalista, ou da falta de alternativas para esse trabalho. A opção por certas linhas de abordagem **é**, também, reflexo das representações que educadores e instituições construíram sobre os alunos da EJA, particularmente os alunos dos programas de Alfabetização. Nesses casos, as representações parecem associar, de forma direta e determinística, o fato de os alunos não participarem da cultura letrada, lançando mão dos recursos que o domínio do código escrito lhes proveria, a uma incapacidade de vir a compreender conceitos e relações mais sofisticadas.

A frequência com que práticas pedagógicas calcadas naquelas representações e marcadas por esse tipo de inadequação ainda ocorrem nos programas de EJA, especialmente naqueles que se dedicam aos ciclos iniciais da Educação Fundamental, torna-se ainda mais preocupante se avaliamos as reações das e dos estudantes a elas submetidos. Especialmente os alfabetizandos e as alfabetizandas, em geral pessoas adultas, quando não introjetam completamente as representações que lhes atribuem os professores, a escola, o sistema, ou a sociedade, tendem a não formular explicitamente seu desconforto ou constrangimento diante de tais ações pedagógicas (nesse aspecto, numa atitude bastante diferenciada da assumida

Do que estamos falando quando falamos em Educação Matemática de Jovens e Adultos?

por adolescentes e mesmo por jovens), mas se deixam invadir pelo desinteresse e pelo desânimo, alimentado, principalmente, pela impossibilidade de conferir sentido àquilo que se veem obrigados a realizar. Nesses casos, o ensino da Matemática poderá contribuir para um novo episódio de evasão da escola, na medida em que não consegue oferecer aos alunos e às alunas da EJA razões ou motivação para nela permanecerem e reproduz fórmulas de discriminação etária, cultural ou social para justificar insucessos dos processos de ensino-aprendizagem.

Mas a inadequação dos procedimentos e das posturas pedagógicas mobilizadas no ensino de Matemática para jovens e adultos pode assumir um caráter distinto desse que aqui caracterizamos como uma infantilização das atividades e abordagens propostas para alunos jovens e adultos. Referimo-nos, agora, ao pouco cuidado que se devota à compreensão do impacto que representa para o sujeito, jovem ou adulto pouco escolarizado, sua inserção no mundo de regras, ritos e gêneros discursivos da cultura escolar – e a timidez ou o reducionismo na concepção e implementação de esforços para lidar com esse impacto. Especialmente nos níveis mais avançados da escolarização (nos anos finais do Ensino Fundamental ou no Ensino Médio), a linguagem, os temas, os procedimentos, os relacionamentos, os recursos de registro, os critérios de avaliação: são permeados pelos propósitos e estilos do universo escolar, em muitos aspectos estranhos ao sujeito cujas experiências e condições de vivenciá-las restringiram as oportunidades e definiram a qualidade de sua relação com o mundo letrado.

Particularmente em relação à Matemática, os modos tipicamente escolares de tratá-la constituem-se em, mais do que elemento de forma, *conteúdo* a ser contemplado nos processos de ensino-aprendizagem. Com efeito, embora não se deva, de maneira alguma, negar a estudantes da EJA o acesso a essa forma-conteúdo escolar (sob a alegação de respeito aos modos próprios de *matematicar* do sujeito ou de seu grupo cultural), o cuidado que se vai tomar na negociação dos significados e na condução do jogo interlocutivo deve considerar aspectos de temor e desejo, estranhamento e construção de hipóteses, lembranças e arquétipos que pautam a relação desses sujeitos com a cultura escolar.

Desdém e reverência, desconfiança e respeito, rejeição e busca: oscilam nos discursos e nas atitudes assumidas pelos alunos da EJA, quando percebem o déficit que lhes é imposto, apesar de uma eventual destreza nos cálculos, por não compartilhar do gênero discursivo da Matemática Escolar (cf. FONSECA, 2001, p. 173); quando resistem a uma argumentação calcada numa lógica estranha à sua experiência; quando se opõem a adotar um procedimento novo para uma antiga tarefa, ainda que tal procedimento se lhes apresente otimizado; ou mesmo quando se resignam à sua adoção, sucumbindo à autoridade escolar, mas sem se apropriar de suas razões e suas decorrências.

É nesse jogo de emoções, particularmente tenso no terreno da Educação Matemática devido menos talvez à natureza desse conhecimento do que à história (práticas, propósitos, tradições, interesses envolvidos) de seu ensino no contexto escolar, que educadores e educandos balizam suas posições relativamente aos conhecimentos construídos e a construir e aos processos de construção.

Cabe ao educador, assumindo-se a si mesmo como sujeito sociocultural, da mesma forma que reconhece o caráter sociocultural que identifica seus alunos, estudantes da EJA, postar-se pois investido de uma honestidade intelectual que lhe permita relativizar os valores das contribuições da(s) Matemática(s) *oficial(is)* da Escola e da(s) Matemática(s) produzida(s) em outros contextos e com outros níveis e aspectos de formalidade e generalidade; investido também da responsabilidade profissional que lhe imputa disposição e argumentos na negociação com as demandas dos alunos e com os compromissos da Escola em relação à construção do conhecimento matemático; investido, ainda, de uma sensibilidade, que é preciso cultivar e exercitar, ao acolher as reações e as perplexidades, as indagações e os constrangimentos, as reservas e as ousadias de seus alunos e suas alunas, pessoas jovens e adultas, e compartilhar com elas essas mesmas emoções com as quais ele impregna seu projeto educativo.

Para prosseguir na reflexão

Neste primeiro capítulo, procuramos apresentar ao leitor o modo como temos tomado a caracterização da "Educação de Jovens e

Adultos", na conotação que ela assume no Brasil e em outros países que ainda se ressentem de sua história de exclusão social e cultural. E é justamente o corte sociocultural que apontamos como marca identificadora do público da EJA e cujos desdobramentos para a Educação Matemática, que em seu âmbito se realiza, procuramos esboçar. No próximo capítulo, focaremos nossa reflexão nas demandas e contribuições colocadas para e pelo ensino de Matemática na EJA, para então, no último capítulo tratarmos dos modos como as experiências de Educação Matemática de Jovens e Adultos têm lidado com as questões da significação e da busca do sentido do ensinar e aprender Matemática.

Capítulo II

Demandas e contribuições do Ensino de Matemática na Educação de Jovens e Adultos

O lugar de onde falo e a questão fundamental

O trabalho de formação de professores, a que me tenho dedicado nos últimos anos, supõe o acompanhamento de estagiários (alunos da disciplina Prática de Ensino de Matemática), de monitores (bolsistas de Programas de Iniciação Científica, de Projetos de Ensino e de Projetos de Extensão Universitária) e de professores do Ensino Fundamental e Médio das redes municipais e estadual que participam de cursos de aperfeiçoamento ou outros projetos promovidos pela Universidade ou com a sua colaboração.

Tenho tido particular interesse e várias oportunidades de atender demandas dessa natureza relacionadas com a Educação Básica Escolar de Jovens e Adultos. Essas experiências suscitam questões tão relevantes quanto desconcertantes para quem forma professores num país com as tristes características do nosso no que diz respeito à dívida social, em muitos setores, em particular, e tragicamente, em relação à educação. A preocupação com essas questões e a carência de subsídios da literatura para abordá-las têm-me feito direcionar meu trabalho acadêmico, não só nas atividades de Ensino e Extensão, mas também na Pesquisa, para a Educação de Jovens e Adultos, de modo mais específico, mas não desarticulado, para a Educação Matemática de Jovens e Adultos.

Toda essa conversa sobre a minha vida e minhas opções acadêmicas, marcadas por inserções diretas ou *por tabela* em práticas de Educação *escolar* de Jovens e Adultos, não teria aqui o menor sentido se não fosse para respaldar a definição do fio que conduzirá a reflexão que pretendo propor neste capítulo, e a partir da qual se deve procurar justamente o efeito de sentido que pretendo imprimir-lhe: trataremos aqui de destacar o papel fundamental da escola na educação de pessoas jovens e adultas que a ela não tiveram acesso na infância e na adolescência!

Numa das sessões do Grupo de Trabalho em Educação de Pessoas Jovens e Adultas, na 22ª reunião da ANPEd, em 1999, o Prof. Osmar Fávero recriminou-nos por estarmos ali dando excessiva ênfase à educação escolar; e fez uso do verso: "ninguém aprende samba no colégio", reivindicando que tematizássemos os saberes que são aprendidos fora do contexto escolar e outros tipos de iniciativas.

Mesmo reconhecendo a relevância do tema proposto pelo professor, e mais ainda, reconhecendo a própria origem da EJA nos esforços da Educação Popular, forjados em espaços outros que não a escola, reitero, entretanto, minha opção pela abordagem da Educação Escolar neste livro, retrucando com o verso que, no mesmo samba de Noel Rosa e Vadico referido pelo professor Fávero,[1] antecede aquele por ele citado: "batuque é um privilégio". E aqui, quero falar de um *direito*.

A educação escolar básica é direito do cidadão – e dever do Estado! –, motivo pelo qual se pode identificar uma força positiva em "projetos" e "campanhas", quando – e se – a mobilização que desencadeiam é capaz de despertar nos sujeitos, na comunidade e no poder público o anseio pela conquista desse direito e a disposição de direcionar esforços e recursos para que essa conquista se realize.

Portanto, essas propostas devem imprimir em seu horizonte a perspectiva de uma *alfabetização* que não se restrinja a alguns meses de inserção no ambiente de escola, mas que se coloque, antes, como um convite enfático, e um momento de acolhida, para que jovens e adultos se integrem ou se reintegrem ao cenário escolar, e que sinalize a disposição da instituição proponente, dos

---

[1] Feitio de Oração.

Demandas e contribuições do Ensino de Matemática na Educação de Jovens e Adultos

realizadores e dos mantenedores em resgatar a dívida com aqueles que dele foram excluídos.

Peço licença para, a partir de agora, retomar o discurso na primeira pessoa do plural: não se trata de um plural majestático, mas é antes a consciência de que falo a partir de uma trajetória compartilhada com o grupo de educadores de jovens e adultos do Núcleo de Educação de Jovens e Adultos da Faculdade de Educação da UFMG (NEJA), com o grupo de educadores matemáticos que investigam a Prática Pedagógica em Educação Matemática (PRAPEM) da Faculdade de Educação da UNICAMP e com pesquisadores e estudantes do Grupo de Estudos sobre Numeramento (GEN).

Não nos é, pois, possível abordar as demandas e as contribuições do ensino da Matemática na Educação de Jovens e Adultos sem que enfoquemos algumas questões que nos parecem anteriores a quaisquer opções pedagógicas e que, certamente, as iluminam.

Nós já ensaiamos uma discussão dessas questões num artigo publicado há alguns anos (Fonseca, 1999c), e se as trazemos novamente à cena é porque julgamos que é preciso ter clareza das posições que assumimos diante delas para que possamos almejar conferir alguma coerência às decisões (e às motivações que nos levam a tomá-las) sobre conteúdos, metodologias, critérios e instrumentos de avaliação do ensino e da aprendizagem matemáticos e da formação que se deverá dar aos educadores que assumirão esse trabalho.

Nossa questão fundamental e primeira seria: Que papel ou que papéis estamos atribuindo à *Educação Básica de Jovens e Adultos*?

É a partir de uma honesta e delicada discussão desses papéis que entendemos considerar a contribuição da Educação Matemática para o seu desempenho. É em seu âmbito que nos dedicamos ao exercício de identificar características e demandas próprias da EJA que subsidiariam a elaboração de alternativas para o trabalho de Educação Matemática que ali se realizaria.

Os papéis da Educação de Jovens e Adultos

Como nos referimos na introdução deste livro, na virada do século, assistimos ou participamos de um número razoável de iniciativas, muitas delas governamentais, outras da sociedade civil, ansiosas por verem reduzidos os índices de analfabetismo ou elevadas as taxas de escolarização da população.

O que observamos nos textos que embasam ou regulamentam essas iniciativas e na avaliação das práticas que nelas se ensejam é que tais esforços, sejam ditados pela consciência ou preocupação social, política ou econômica dos titulares dos governos, sejam forjados por pressões da mídia e de agências nacionais ou internacionais, sejam parcerias com, ou da responsabilidade de, outros setores e grupos sociais, revelam preocupação com as novas e constantemente renovadas demandas de uma sociedade marcada por relações de produção, poder e valor redefinidas em função de paradigmas instaurados ou assumidos no processo de revolução tecnológica que temos presenciado e do qual, em condições diferenciadas – e desiguais –, todos participam.

Paiva (1994) analisa o modo como todos os países, em especial os mais pobres, incorporaram esses paradigmas, a partir da constatação de que o custo da não universalização das oportunidades de educação básica ou da cobertura universal ineficaz tornou-se demasiado elevado. Segundo a autora, "de maneira até certo ponto inesperada", arcar com as consequências de se manterem sistemas educativos "restritos e ineficientes, que oferecem à sociedade qualificação precária ou que não logra aplicação prática", passou a representar um ônus excessivamente alto à medida que um certo nível de letramento foi-se tornando "condição mínima para o trabalho e para a vida diária". Governos e sociedades veem-se obrigados a conferir prioridade a programas e estratégias aos quais alguns se têm referido como um projeto de *requalificação*: "educação continuada, compensação de deficiências educativas entre jovens e adultos com os mais variados níveis formais de escolaridade". Nessa linha de análise, Paiva considera que, diante de problemas educacionais básicos (como o do analfabetismo absoluto), aos países que pretendiam "assegurar uma posição relativa favorável, no mercado mundial e na comunidade política", não restaria alternativa senão implementar solução que fosse "rápida, eficaz e rentável". Para tanto, é necessário alocar os recursos segundo critérios "que assegurem real qualificação que possa ser imediatamente *utilizada*" (p. 22-23, grifo nosso).

Destacando ainda o aspecto da urgência produzindo e justificando ações imediatistas, Paiva pondera que, mesmo considerando questões estruturais que afetam o setor educacional – "como o longo tempo necessário à educação básica e as, em certa medida inevitáveis, taxas de desperdício, sempre que cursos são interrompidos ou conhecimentos adquiridos não são utilizados" –, a velocidade que com a tecnologia se imprimiu ao mundo contemporâneo exige desse setor "respostas capazes de assegurar, no dia a dia, de cada vez mais longínquos rincões, conhecimentos que permitam *fazer frente às demandas com as quais se confrontam homens e mulheres neste final de milênio*" (p. 23, grifo nosso). É sobre esta base que a autora via o campo da Educação de Jovens e Adultos ganhar "uma nova dimensão".

Nessa configuração, parece ser no campo das *necessidades* – das sociedades, em primeiro plano, e dos indivíduos que nelas se inserem – que transitam as motivações que levam governos, empresários, movimentos sociais ou ONGs a investir, ou pressionar para que se invista, em projetos de EJA, que habilitem trabalhadores para um novo mercado de trabalho e consumidores para um novo padrão (e novos produtos) de consumo, mas também cidadãos para novas maneiras de exercício da cidadania.

O movimento que amplia a definição do campo de necessidades para além das carências dos indivíduos, reportando-a às demandas das sociedades é, porém, o mesmo que incita à superação da concepção compensatória da Educação de Jovens e Adultos, segundo a qual sua finalidade se restringiria a possibilitar ao aluno a *recuperação do tempo perdido*. Com efeito, as propostas atuais em EJA, ao menos no nível do discurso, concebem-na como uma modalidade específica, mas integrante, da Educação Básica (cf. Belo Horizonte, 2000) – o que demarca sua inscrição no campo do *direito* – reflexo de uma consciência, que foi ganhando corpo, de que a EJA é "tanto conseqüência do exercício da cidadania, como condição para uma plena participação na sociedade" (Declaração de Hamburgo sobre Educação de Adultos – V CONFITEA[2], 1997, in Brasil, 1998, p. 89). Questões

---

[2] V CONFITEA – Conferência Internacional sobre Educação de Adultos, realizada em Hamburgo em julho de 1997.

vitais para a sobrevivência da comunidade humana, como as que destaca o documento da V CONFITEA ("do desenvolvimento ecológico sustentável, da democracia, da justiça, da igualdade entre os sexos, do desenvolvimento socioeconômico e científico"), e às quais ainda podemos acrescentar muitas outras como a da tolerância religiosa, do acesso e do respeito à diversidade racial, étnica e cultural, da democratização das informações, dos recursos e dos procedimentos de promoção e manutenção da saúde física e mental etc. têm na Educação da população uma condição necessária (mas não suficiente) para seu equacionamento, o que deveria, portanto, definir as iniciativas de Educação Básica de adultos e de jovens que foram excluídos do sistema escolar, como ações prioritárias e estratégicas.

Entretanto, a essas perspectivas, que trazem a voz das instituições ou dos agentes educadores, há que se acrescentar (ou contrapor) as perspectivas dos alunos e das alunas da EJA. Uma proposta educativa precisa indagar a seus alunos sobre suas próprias expectativas, demandas e desejos para indagar-se a si mesma sobre a sinceridade de sua disposição e a disponibilidade de suas condições para atendê-las ou com elas negociar. Pergunte-se, pois, a alunos e alunas da EJA: o que motiva o seu próprio investimento na Educação do adulto que é ele mesmo?

Numa pesquisa realizada com os alunos ingressantes numa etapa equivalente aos anos finais do Ensino Fundamental (6º ao 9º ano) de um projeto de EJA, as razões declaradas pelos alunos para o retorno à escola foram organizadas em 2 grupos: no primeiro grupo, estavam as motivações *externas* ou pressões da vida social, que incluíam: "oportunidade de ascensão na empresa, maior exigência de escolaridade, conquistar profissão mais valorizada, entrar no mercado de trabalho, conquistar melhor emprego, incentivo da firma, melhoria de salário, etc." (Horta, 1999, p. 42); o segundo grupo era composto pelas motivações internas ou de ordem pessoal, onde foram reunidas respostas tais como: "preciso ter um objetivo na vida", "agora deu vontade", "quero acompanhar meus filhos na escola, pra não ficar pra trás", "quero aprender, para crescer", "sempre tive vontade de ter o 2º grau", "quero me sentir útil", "sinto falta dos estudos", "quero ler e escrever melhor", "para melhorar minha qualidade de vida", "agora eu vou cuidar de mim"... (*Ibidem*, p. 42).

Entre os alunos do sexo masculino, para nossa surpresa, mesmo considerando que a amostra era predominantemente formada por adultos com idade superior a 30 anos, 54,8% das motivações declaradas foram classificadas como motivações internas, índice que cresce no público feminino (71,1%), em cujas entrevistas, sob formulações diversas, por várias vezes se ouviu a frase: "agora eu vou cuidar de mim".[3]

O valor atribuído à escola que se revela nessa formulação que as alunas da EJA dão à sua decisão de voltar a estudar instaura em seu projeto educativo uma corresponsabilidade nesse *cuidado de si* definido pelos sujeitos como prioridade atual de suas vidas. Essas moças e senhoras, quando se permitem e se decidem a cuidar de si, não procuram o divã ou o confessionário, o médico ou o cabeleireiro (*recursos*, aliás, nem sempre – alguns raramente – disponíveis para esse público). Elas apostam, outrossim, na escolarização como uma ação de cuidado consigo mesmas, como um direito a um investimento pessoal, adiado por condições adversas em suas vidas e pelas responsabilidades que se lhes foram atribuindo de *cuidar do outro*. Elas, principalmente, mas também muitos deles, trazem para a escola a esperança de que o processo educativo lhes confira novas perspectivas de autorrespeito, autoestima, *autonomia*.

Naturalmente, alunos e alunas da EJA percebem-se pressionados pelas demandas do mercado de trabalho e pelos critérios de uma sociedade onde o saber letrado é altamente valorizado. Mas trazem em seu discurso não apenas as referências à *necessidade*: reafirmam o investimento na realização de um desejo e a consciência (em formação) da conquista de um direito. Diante de nós, educadores da EJA, e conosco, estarão, pois, mulheres e homens que precisam, que querem e que reivindicam a Escola. Cumpre-nos, assim, considerar esse tripé – necessidade, desejo e direito – ao acolher nossas alunas e nossos alunos e tomá-los como sujeitos de conhecimento e aprendizagem, para pautar nossas ações educativas, em particular, na Educação Matemática que vamos desenvolver.

---

[3] Em pesquisa semelhante realizada com alunos da EJA na Rede Municipal de Diadema (SP), 55,36% dos alunos associaram seu retorno à escola às exigências de emprego (atual ou que almejam), mas 31,14% disseram que voltaram a estudar *"porque gostam"* (cf. CARDOSO, 2001, p. 44).

Contribuições da Educação Matemática

Muitos autores têm destacado que um componente forte da geração da necessidade de voltar ou começar a estudar seria justamente o anseio por dominar conceitos e procedimentos da Matemática. A frequência (e a urgência) com que situações da vida pessoal, social ou profissional demandam avaliações e tomadas de decisão referentes a análises quantitativas, parâmetros lógicos ou estéticos conferem ao instrumental matemático destacada relevância, por fornecer informações, oferecer modelos ou compartilhar posturas que poderiam contribuir, ou mesmo, definir a composição dos critérios a serem assumidos.

Naturalmente, embora já seja um lugar-comum, nunca é demais insistir na importância da Matemática para a solução de problemas reais, urgentes e vitais nas atividades profissionais ou em outras circunstâncias do exercício da cidadania vivenciadas por estudantes da EJA. Não são raras as advertências sobre esse aspecto nos textos analíticos ou prescritivos produzidos pela comunidade da Educação Matemática e, particularmente, naqueles destinados a ações de EJA (cf. BRASIL, 1997; 1998; 2000; D'AMBROSIO, 1985a; 1985b; 1985c; 1993; 2001; KNIJNIK, 1998; 2000; 2004; 2006; RIBEIRO, 1997). Todos esses trabalhos não apenas trazem uma análise da relevância social do conhecimento matemático, como também enfatizam a responsabilidade das escolhas pedagógicas que devem evidenciar essa relevância na proposta de ensino de Matemática que se vai desenvolver, contemplando-se problemas significativos para os alunos, ao invés de situações hipotéticas, artificiais e enfadonhamente repetitivas, forjadas tão somente para o treinamento de destrezas matemáticas específicas e desconectadas umas das outras e, inclusive, de seu papel na malha do raciocínio matemático.

O envolvimento dos alunos em *projetos genuínos*, ou seja, projetos cuja meta é definida por uma necessidade real, e realmente constatada pela classe (como a necessidade de se melhorar o sistema de iluminação da sala de aula, por exemplo, o que não só exigiria estudos sobre o dimensionamento, natureza e posição da(s) fonte(s) de luz, como também demandaria a elaboração coletiva de estratégias e condições para sua aquisição, além de planejamentos para a operacionalização das ações definidas a partir daqueles estudos e elaborações), são oportunidades particularmente ricas não só sob o aspecto mais estrito da didática do ensino de determinados conceitos e procedimentos da Matemática, ou da Física, mas também na constituição de uma concepção das ciências como instrumental que se deve postar como recurso para a melhoria das condições de vida das pessoas.

No entanto, não é só portando-se como ferramenta que a Ciência e, em particular, a Matemática, emergem como fundamentais num processo educativo de jovens e adultos. As práticas que temos desenvolvido ou acompanhado, e a reflexão que a partir delas ensejamos, obrigam-nos a reconhecer que, ao se pensar o papel do ensino da Matemática na EJA, é preciso tomar em consideração que os alunos não vêm à escola apenas à procura da aquisição de um instrumental para uso imediato na vida diária, até porque parte dessas noções e habilidades de utilização mais frequente no dia a dia eles já dominam razoavelmente (cf. CARRAHER ET AL, 1988), embora manifestem indícios de seu desejo de otimizá-las.[4] Isso leva a conferir ao ensino de Matemática que se pretende ali processar um caráter de sistematização, de reelaboração e/ou *alargamento* de alguns conceitos, de desenvolvimento de algumas habilidades e mesmo treinamento de algumas técnicas requisitadas para o desempenho de atividades heurísticas e algorítmicas.

A vivência profissional, social e pessoal (aí incluída a vivência escolar anterior) dos alunos os provê naturalmente de informações e estratégias, construídas e/ou adquiridas nas leituras que vêm fazendo do mundo e de sua intervenção nele. Essas leituras, por isso, devem integrar a Educação Matemática que nos dispomos a desenvolver. Afinal, não é outro o objetivo do ensino de Matemática, num processo

---

[4] Ao final de uma aula em que a professora estabeleceu a relação entre números decimais e porcentagem, uma aluna desabafou: "Neste mês, a loja que eu trabalho fez dezessete anos. Tava tudo com dezessete por cento de desconto. Tem três semanas que eu passo o dia calculando quanto é dezessete por cento do preço e subtraindo. Nunca pensei que era só fazer 'vezes ponto oitenta e três' que dava direto... Pelo menos uma semana eu vou fazer assim. Ah, mas eu vou!" (cf. FONSECA, 1995c).

de alfabetização e letramento – que para nós se estende por todo o Ensino Fundamental –, senão *a formação do leitor*.[5]

Para estudantes em geral, mas muito especialmente para os alunos da EJA, a Educação Matemática deve, pois, ser pensada *como contribuição para as práticas de leitura* (CARDOSO, 2000), buscando contemplar (e até privilegiar) conteúdos e formas que ajudem a *entender*, *participar* e mesmo *apreciar* melhor o mundo em que vivemos (e, eventualmente, ou até frequentemente, mas não necessariamente, sejam *usadas* na resolução de problemas da vida particular do aluno).

O depoimento de um aluno na avaliação de um projeto desenvolvido com estudantes adultos de um curso correspondente aos anos finais do Ensino Fundamental – "Fotografando a Geometria" (cf. GUALBERTO & RIBEIRO, 1998) – dá-nos a dimensão da relevância da Matemática para a ampliação das possibilidades de leitura de mundo, para além de sua utilidade "prática", entendida num sentido mais prosaico de resolução de problemas de ordem *material* e *imediata*. Na dinâmica final do trabalho que envolveu os alunos num concurso de fotografia em que se identificaram figuras e conceitos geométricos nas fotos que eles mesmos bateram, criaram-se nomes sugestivos para aquelas imagens, organizou-se uma exposição, definiram-se critérios de julgamento e planilhas de apuração e ponderação de votos, realizou-se cerimônia com premiação e festa de congraçamento, um aluno confessou: "Sabe do que eu mais gostei nesse projeto? Veja bem. Eu passo seis vezes por dia em frente dessa creche. Seis vezes por dia. Nunca tinha reparado como que a fachada dela é bonita. 'Cês já viram? Tem assim um círculo com uma espécie de hexágono, como que fala? inscrito, inscrito no círculo. Dá uma ideia assim de profundidade. Bacana mesmo. Agora toda vez que eu passo ali eu vejo isso. Eu penso nisso. Olha que bacana! Que é Geometria lá!".

Esse depoimento dá testemunho da aquisição de um modo de ver aquela fachada, conquistado não só pelo reconhecimento de determinadas figuras e relações, mas que se inaugura, preserva-se

---

[5] Recomendo aos leitores professores de Matemática e aos professores de todas as disciplinas, a leitura do livro *Ler e escrever: compromisso de todas as áreas* (NEVES *et al.*, 2000).

Demandas e contribuições do Ensino de Matemática na Educação de Jovens e Adultos

e renova-se meia dúzia de vezes ao dia, pela possibilidade de ser expressa em palavras, ser contada ao outro, ser reproduzida outras tantas vezes, mesmo para quem jamais viu aquela imagem. O simples fato de prover o aluno da EJA de oportunidades de prazer estético já determinaria o absoluto sucesso do trabalho pedagógico realizado. Mas além disso, esse desdobramento do trabalho possibilitou ao aluno mais do que a aquisição de modos de reconhecer e nomear algumas figuras e relações geométricas: permitiu que ele, ao nomeá-las, atribuísse um significado próprio (e apropriado) a tais entes geométricos e conferisse sentido ao estabelecimento de relações e à nomeação de elementos – que é um modo de organizar o mundo, próprio da Geometria – ao qual essa Educação Matemática lhe permitiu o acesso.

Também nessa perspectiva, o papel na construção da cidadania que se tem buscado conferir à Educação de Jovens e Adultos pede hoje um cuidado crescente com o aspecto *sociocultural* da abordagem matemática. Torna-se cada vez mais evidente a necessidade de contextualizar e tensionar o conhecimento matemático a ser disponibilizado, não apenas inserindo-o numa situação-problema, ou numa abordagem dita "concreta", mas buscando suas origens, acompanhando sua trajetória histórica, explicitando sua intencionalidade na interpretação e na transformação da realidade com a qual o aluno se depara e/ou das possibilidades de vê-la e participar dela.

Com isso não se há de negar a importância da compreensão dos conceitos e dos procedimentos, nem tampouco desprezar a aquisição de toda e qualquer técnica. Pelo contrário, precisamos é buscar ampliar a repercussão que o aprendizado daquele conhecimento matemático que estamos abordando, inclusive nos seus aspectos sintático e semântico, pode ter na vida social, nas opções, na produção e nos projetos daquele que o aprende.

Até por isso, a aprendizagem da Matemática deve justificar-se ainda como uma oportunidade de fazer emergir uma emoção que é presente, que co-move os sujeitos, enquanto resgata (e atualiza) vivências, sentimentos, cultura e, num processo de confronto e reorganização, acrescenta mais um elo à história da construção do conhecimento matemático – história tipicamente humana de perscrutar o mundo à nossa volta e tentar imprimir-lhe uma ordem que nos reforce a ilusão de que seja possível compreendê-lo.

Coloca-se, portanto, mais um desafio para o desenvolvimento de experiências significativas na área da EJA: formar professores, Educadores Matemáticos de Jovens e Adultos, com uma certa intimidade com a própria Matemática, com uma generosa e sensível disponibilidade para compartilhar com seus alunos as demandas, as preocupações, os anseios e os sonhos da vida adulta, e com uma consciência atenta e crítica da dimensão política do seu fazer pedagógico, que os habilite a participar da Educação Matemática de seus alunos e de suas alunas, pessoas jovens e adultas, com a honestidade, o compromisso e o entusiasmo que essa tarefa exige.

A formação de professoras e professores de Matemática como educadoras e educadores de pessoas jovens e adultas

A eleição destes três valores como fundamentais para a efetiva participação dos professores na Educação Matemática de seus alunos e alunas inseridos em iniciativas de EJA – honestidade, compromisso e entusiasmo, em relação aos seus papéis nesse trabalho – remete-nos a três dimensões, absolutamente solidárias, da formação do educador matemático de jovens e adultos: sua intimidade com a Matemática; sua sensibilidade para as especificidades da vida adulta; e sua consciência política.

Sobre a intimidade com a Matemática

Muitos educadores de jovens e adultos, quer pela assimilação de um discurso já bastante consolidado na EJA e na Educação Matemática, quer pela preocupação com as necessidades de seus alunos e com as estratégias mais eficazes para responder a elas, quer por uma opção político-pedagógica declarada e assumida, expressam, em diversas oportunidades, sua preocupação em considerar o conhecimento matemático que o estudante adquire no seu dia a dia, em formatações ou princípios diferenciados daqueles de sua versão escolar, porque são definidos pelas circunstâncias de sua produção, utilização ou transmissão, marcadas pelo modelo cultural no qual se inserem.

Confessam os educadores, no entanto (ou são denunciados por suas práticas de ensino), que, a despeito de suas *boas intenções*, carecem de sensibilidade, ou de *presença de espírito*, nas oportunidades em que são chamados a acolher, negociar e promover uma relativização, uma generalização, uma otimização, uma revalorização, uma desmistificação, enfim, quando a situação demanda que criem, estimulem e/ou organizem espaços de (re)significação desse conhecimento.

Lembro-me de uma vez, na década de 1980, em que o professor Paulo Freire estava em Belo Horizonte e falou para uma plateia de estudantes universitários de diferentes formações, reunidos nas escadarias da reitoria da Universidade Federal de Minas Gerais. Paulo Freire falava de estratégias de resolução de problemas matemáticos adotadas por adultos pouco escolarizados e comentou que os alunos de certo projeto de alfabetização de adultos, em geral sabiam como calcular a área de terrenos retangulares. *E quando o terreno não é retangular?*, perguntara-lhes o educador. *Eles responderam*, contava Paulo Freire, *que nesse caso eles 'fatiavam' a figura em retângulos finos e depois somavam as áreas*. Freire fez uma pausa e a plateia riu como que a achar pitoresca a ingenuidade do procedimento dos alfabetizandos. Paulo Freire prosseguiu: *Ao que me parece é um procedimento próximo ao utilizado no cálculo integral*. A plateia voltou a rir, agora em tom mais grave, de sua própria incapacidade de compreender o refinamento matemático da estratégia adotada pelos alfabetizandos adultos a que Freire se referia e do flagrante de preconceito cultural que a levara a avaliar imediatamente como ingênuo ou inadequado o procedimento de cálculo de área de figuras quaisquer, sem se deter na análise de suas motivações práticas e de seu sentido matemático.

Com efeito, a sensibilidade que permite que os educadores *reconheçam* a Matemática que seus alunos sabem e utilizam, ainda que ela não se apresente em seu formato escolarizado, e a *presença de espírito* que lhes provê de estratégias para considerá-la, integrando-a na negociação de significados e intenções forjada na situação de ensino-aprendizagem para (re)significá-la, supõem uma intimidade com o conhecimento matemático, que é mais do que mera associação de termos a conceitos ou do que a destreza na execução de algoritmos. É um conhecimento em que se explicitam intenções, marcas culturais, relações de poder, ao se reconhecer produção humana e histórica. Assim, é fruto de uma formação preocupada em contemplar essa explicitação, mas é também resultado de uma disposição do educador de indagar suas concepções, de flexibilizá-las, de estudar as possibilidades e empenhar-se no exercício das mudanças de perspectivas e do trânsito entre elas.

Se aqui, então, destacamos, em primeiro lugar, justamente o aspecto da relação do próprio educador com o conhecimento matemático, é porque reconhecemos nessa relação um fator decisivo na inibição ou na potencialização das possibilidades de (re)significação do conhecimento matemático que uma Educação Matemática responsável deve comprometer-se a realizar. Naturalmente, essas possibilidades são também condicionadas pela sensibilidade do educador para as especificidades da vida adulta, que o orientará na proposição e negociação de temas e métodos, e pela consciência ética e política em relação à função social de seu trabalho e às relações de poder que o envolvem, consciência essa que determina as posições que ele assumirá ao desempenhá-lo. Entretanto, é a intimidade com o conhecimento matemático que o proverá de recursos para que tais proposição, negociação e desempenho sejam um reflexo da perspectiva ética e política pela qual ele se assume como educador matemático de jovens e adultos.

De fato, se ao receber um novo público, com demandas e possibilidades próprias, a Escola se vê impelida a rediscutir e redimensionar seus papéis e suas estratégias, todas as definições que estabelecem o conhecimento escolar e sua veiculação estarão também expostas ao questionamento e clamarão por intervenções de reestruturação na forma e, principalmente, na intencionalidade.

Em particular, os conteúdos e procedimentos matemáticos tradicionalmente contemplados no trabalho escolar precisam ser, em primeiro lugar, melhor conhecidos pelos educadores, no que se refere a seus aspectos epistemológicos, sua história e seu papel no corpo de conhecimento matemático, tanto quanto a sua utilidade, sua funcionalidade e seus limites na resolução de problemas práticos. Esse conhecimento é fundamental não só para que o próprio educador amplie e/ou transforme os significados que ele mesmo construiu para

Demandas e contribuições do Ensino de Matemática na Educação de Jovens e Adultos

tais conteúdos e procedimentos, mas principalmente para que esse educador tenha deles uma visão mais flexível que o habilite a reconhecer, respeitar e trabalhar as contribuições e demandas que seus alunos apresentem em relação à matemática Escolar.

De modo especial, é preciso que as diversas instâncias de formação do educador matemático (formação inicial universitária e mesmo sua trajetória escolar no Ensino Básico; projetos de formação continuada; oportunidades de reflexão coletiva ao longo do trabalho; outros espaços em que o próprio educador se permita e se discipline a refletir sobre sua prática pedagógica e os elementos que a compõem) contemplem a investigação e a discussão dos processos de produção do conhecimento matemático. Ao investigar, reconstruir e discutir esses processos, é fundamental para o educador ampliar ou iluminar a compreensão dos efeitos de sentido dos textos produzidos no âmbito da própria Matemática, ou valendo-se de seus conceitos, linguagens e estratégias. Dada a sua intenção e a responsabilidade que assume ao posicionar-se como professor na relação dialógica de ensino-aprendizagem da Matemática, é a partir dessa compreensão que ele, educador, pode acompanhar a trajetória de construção de conhecimento de seus alunos, que tanta identidade tem com as dificuldades e os recursos encontrados e/ou elaborados historicamente por diferentes povos, seja nos percursos, seja nas intenções, seja na manipulação das estratégias conceituais, operatórias ou mesmo linguísticas.

Além do destaque que, por acreditarmos no papel fundamental dessa discussão para a construção da *intimidade* do educador com o conhecimento matemático, deliberadamente atribuímos à discussão dos processos de produção e dos modos de inserção de conteúdos e procedimentos no corpo de conhecimento da Matemática, queremos enfatizar ainda o cuidado que os programas e propostas de formação de educadores devem ter ao contemplar esse conhecimento como aporte para o desenvolvimento de habilidades de leitura. Se concordamos em que a Educação Escolar tem, especialmente no âmbito da EJA, como um de seus papéis prioritários o de possibilitar um acesso mais democrático à cultura letrada, o ensino de matemática que nela se realizará deverá engajar-se nessa tarefa aproveitando os recursos e as oportunidades que lhe são próprias. Nesse caso, a contribuição do conhecimento da Matemática dar-se-á não apenas pelo acesso a um vocabulário específico, cada vez mais frequente nas diversas instâncias da vida social, mas também pelo provimento de alternativas de tratamento, organização e registro da informação, que orientam a compreensão, viabilizam a comunicação e sugerem critérios para o julgamento e o enfrentamento de questões diversas da vida moderna, em seus apelos funcionais, e da vida humana, em suas indagações arquetípicas (cf. FONSECA, 1991). Reciprocamente, as práticas de leitura que a escolarização deve oportunizar e incentivar (e isso inclui a Educação Matemática que em seu âmbito se realiza) tenderão a ampliar as possibilidades de significação de conhecimentos matemáticos, (re) significando-os numa dinâmica dialógica em que educadores e educandos possam partilhar despojadamente desses novos significados e apreciar (tanto quanto se valer de) suas repercussões em sua formação intelectual, profissional, cultural e ética.

Sobre a sensibilidade para as preocupações, as necessidades, o ritmo, os anseios da vida adulta

O desenvolvimento da sensibilidade para as especificidades da vida adulta não se resume a uma questão atitudinal. É claro que a disposição para perceber e compreender essas especificidades é condição para esse desenvolvimento, mas há mais a fazer pela formação dos educadores de jovens e adultos do que tão somente *doutriná-los* para que se disponham a identificar e acolher tais especificidades. Os educadores devem ser orientados tanto em relação à necessidade de conhecerem melhor seus alunos, como indivíduos e como grupo social, quanto em relação à seleção e/ou produção de instrumentos e critérios para proceder a diagnósticos do público que atendem, sejam formais e dirigidos, sejam informais e processuais. Os diagnósticos são uma necessidade de uma instituição ainda perplexa diante das novas tarefas que se lhe impõem no campo educacional, mas são também ferramentas para a construção de uma dinâmica de ensino-aprendizagem que procura constituir seus atores – educadores e educandos – como sujeitos de conhecimento.

Conhecer o aluno, entretanto, não depende apenas de ter acesso a uma série de informações sobre os indivíduos, estabelecer médias, modas e desvios. Há que se ter uma atenção cuidadosa com a dinâmica que se estabelece na sala de aula, com as posições assumidas pelos sujeitos, com a recorrência e o inusitado das situações. Nesse aspecto, a disciplina e a adequação dos registros do que ocorre em sala de aula adquirem um papel vital, e essa é uma habilidade para a qual as propostas de formação de educadores, em geral, e de educadores matemáticos, em particular, devem dar especial atenção.[6]

Efetuados os registros, os educadores devem criar o hábito de consultá-los, refletir sobre eles, compartilhá-los com colegas, confrontá-los e analisá-los em cortes longitudinais e transversais.

Em particular no caso da Educação Matemática, os registros das estratégias adotadas pelos alunos na resolução de problemas ou nas atividades propostas podem auxiliar sobremaneira a compreensão de sua forma de organizar e mobilizar o conhecimento do qual se apropriaram, de modo a (re)orientar a própria avaliação do trabalho, bem como as intervenções do professor nas negociações de significados e do contrato didático (cf. PAIS, 2001). Na análise desses procedimentos, além dos cuidados já destacados quando discutimos a intimidade do professor com a Matemática e sua repercussão na análise da produção e das demandas de seus alunos, é interessante também procurar identificar regularidades que possam sugerir padrões de estratégias matemáticas a serem problematizadas ou incentivadas, mas mais do que isso, tomadas como indicadores das instâncias de negociação de significados que se têm processado na sala de aula. É preciso considerar ainda a existência de especificidades que se possam associar a indivíduos ou

---

[6] No Projeto de Ensino Fundamental de Jovens e Adultos – 2º segmento – da UFMG, os professores mantêm um *"Caderno de turma"*, em que são registrados, aula por aula, não apenas o "plano" ou a "matéria dada". Os professores fazem comentários sobre a reação dos alunos, descrevem episódios ocorridos na aula, analisam o desempenho do grupo ou de determinados alunos em certas atividades, anotam perguntas ou observações desconcertantes, relatam suas impressões sobre a dinâmica ou as estratégias didáticas desenvolvidas, apontam suas fragilidades e indicam a necessidade ou sugestões de reformulações. Além disso, há páginas próprias para anotações sobre cada aluno, em que se registram eventos especiais a seu respeito quando ocorrem e se fazem análises periódicas sobre seu desempenho, atitude ou demandas especiais. Há ainda espaço próprio para o registro da frequência e para outras informações sobre os alunos da turma, como idade, profissão, escolarização anterior, endereço, local de trabalho, e outras que possam eventualmente subsidiar os professores na compreensão das razões e expectativas de seus alunos.

grupos na sala de aula e que podem sugerir características próprias dos modos de aprender (e registrar) do aluno da EJA.

Reconhecemos, mais uma vez, que a carência de produção sobre aspectos cognitivos, e também afetivos, do aprendiz adulto pouco escolarizado representa uma lacuna bastante significativa para um dos procedimentos mais ricos da formação docente que é justamente o diálogo da prática vivenciada ou observada com os aportes teóricos da literatura. Assim, fica mais uma vez registrada a demanda de sistematização da reflexão sobre aspectos da dinâmica de ensino-aprendizagem na EJA, convocando os educadores a se debruçarem sobre tais aspectos de maneira investigativa e a compartilharem suas indagações e esboços de respostas com outros educadores por meio de trabalhos acadêmicos ou de divulgação de experiências.

Cabe destacar ainda uma dificuldade adicional para esse conhecimento de estudantes da EJA por seus educadores: a faixa etária dos educadores, muitas vezes mais baixa que a de seus alunos. Assim, a compreensão das razões dos alunos, que quando se trata do público infantil ou adolescente pode valer-se da experiência do próprio educador de ter sido criança ou de ter sido adolescente, vê-se privada desse recurso quando o alunado se encontra numa fase da vida pela qual não passou o professor. A atitude de escuta atenta e generosa assumida por esse profissional terá que ser aí ainda mais cuidadosa e despojada – e, por isso, extremamente importante para sua formação profissional e pessoal – na acolhida de um outro que ele reconhece ter vivenciado experiências que lhe escapam não só por seus significados socioculturais mas também do ponto de vista da trajetória e do desenvolvimento humanos.

A sensibilidade para as especificidades da vida adulta dos alunos da EJA compõe-se, pois, de uma atitude generosa do educador de se dispor a abrir-se ao outro e acolhê-lo, mas também da disciplina de observação, registro e reflexão na prática e sobre a prática pedagógica, que permita ao professor, se não se colocar na posição de seu aluno, exercitar-se na compreensão do ponto de vista que esse aluno pode construir. Isso implica considerar outras hierarquias de valores, adequar-se a outros ritmos, gerenciar outras demandas e, principalmente, abrir-se à experiência do outro. O processo de formação de professores da EJA (inicial e em serviço) deverá, pois, promover a reflexão e o exercício dessa atitude e dessa disciplina, que então se configurariam, mais do que como procedimentos eventuais, em marcas da identidade profissional docente desses educadores (cf. PEREIRA et al, 2000).

Sobre o papel ético e político da ação educativa que ali se desenvolve

A compreensão da EJA como um direito do cidadão, uma necessidade da sociedade e uma possibilidade de realização da pessoa como sujeito de conhecimento tem uma significativa repercussão na prática pedagógica do educador. Imbuindo educadores e sociedade da responsabilidade ética e política de viabilizar à população jovem e adulta, que fora excluída da escolarização quando criança, o acesso a bens culturais e a certos critérios e instrumentos para a tomada de decisões, essa compreensão os desautoriza a sobreporem obstáculos de ordem logística, financeira ou ideológica à realização de uma educação voltada para esse público. Nesse sentido, impele educadores, educandos e a sociedade em geral a lutarem pela democratização não apenas das oportunidades de escolarização, mas também da qualidade da Educação oferecida aos jovens e adultos quando estudantes da Escola Básica.

Para a busca dessa qualidade, é ainda aquela mesma compreensão que impede os educadores de se contentarem com explicações simplistas e conformistas para as dificuldades de seus alunos[7] – e sabemos quão variadas, frequentes e delicadas elas são! –, instigando-os a esforçarem-se no reconhecimento e na análise das características e demandas próprias do público que atendem e a pautarem esse atendimento numa constante negociação com essas características e demandas.

É também do campo da ética e da cidadania a preocupação com a própria formação profissional e a consciência de sua repercussão na prática pedagógica, como atitude de respeito para com os alunos que têm direito a uma Educação de boa qualidade, para com o projeto

---

[7] Os professores de Matemática estão particularmente sujeitos à tentação de um certo conformismo diante do insucesso da aprendizagem, respaldado num mito bastante difundido no senso comum, e em particular entre o alunado da EJA, segundo o qual a Matemática "é muito difícil mesmo e é natural que se tenham altos índices de fracasso".

pedagógico que requer ações conscientes e eficazes, e para consigo mesmo, inserindo-se num processo amplo de formação humana que envolve todos os atores dos processos de ensino-aprendizagem no âmbito escolar.

Questões delicadas da Educação Matemática de Jovens e Adultos

Cumpre dizer ainda algo sobre determinadas questões muito próprias da Educação Matemática, mas que assumem um caráter particularmente delicado quando essa Educação Matemática acontece numa proposta de EJA. Se aqui as contemplamos, não é com a pretensão de analisar todas as suas repercussões ou dar lhes uma solução definitiva. Pelo contrário, queremos apontá-las como questões extremamente relevantes para o ensino e a aprendizagem da Matemática, especialmente na Educação Matemática Escolar de Jovens e Adultos, e que, como tal, apresentam-se como indagações e temas sobre os quais educadores, pesquisadores e instituições se devem debruçar.

Tais indagações emergem das próprias concepções da Matemática que permeiam os processos de ensino-aprendizagem, mobilizadas por todos os atores da cena educativa, nos discursos ali proferidos e nos interdiscursos de que se alimentam. Assim, na Educação Matemática de jovens e adultos, como de resto em toda a Educação Matemática, o esforço para a identificação e uma honesta discussão das concepções de Matemática com as quais lidamos – a(s) nossa(s) própria(s), as dos alunos, a(s) da Escola ou Projeto em que trabalhamos, a(s) da sociedade e do mercado de trabalho, a(s) dos livros didáticos, a(s) dos programas oficiais de ensino – tem sido fundamental para direcionar os educadores num repensar do conteúdo da Matemática e das metodologias e estratégias de produção e divulgação do conhecimento matemático. Além disso, e talvez principalmente, alunos adultos, muito mais do que os jovens e os adolescentes, comprazem-se na ação metacognitiva de conhecer e questionar suas próprias concepções e confrontá-las com as dos colegas, ou as dos professores, dos livros, da sociedade, incorporadas pelo sujeito numa certa interlocução e

Demandas e contribuições do Ensino de Matemática na Educação de Jovens e Adultos

mais adiante negada pelo mesmo sujeito quando se engaja numa outra linha de argumentação. Esse é um espaço particularmente formativo na EJA e o educador que consegue potencializá-lo proporciona a seus alunos e a si mesmo oportunidades privilegiadas de crescimento intelectual, de exercício retórico e de autoconhecimento (cf. FONSECA, 2001, p. 233-238).

De fato, se damos voz (e ouvidos) a nossos alunos jovens e adultos para expressarem suas concepções de Matemática, veremos que, em seu discurso sobre Matemática, esses sujeitos divergem, marcam posições relativas, até mesmo antagônicas, e que não se mantêm estáticos nem mesmo se se consideram as opiniões assumidas por um único sujeito. Quando de alguma forma esses alunos fazem alusões à dificuldade da Matemática, sua universalidade ou sua utilidade, por exemplo, vê-se a marca retórica da ideologia (CHAUÍ, 1980) infiltrar-se em seu discurso *sobre* Matemática, permeando-o com todo um conjunto de lugares-comuns, dos quais os sujeitos lançam mão sem se darem conta de que seu discurso "não será mais do que um eco" (HALBWACHS, 1990) de outros discursos. Em particular, no discurso formulado pelos alunos da EJA sobre a dificuldade da Matemática, a marca da ideologia se faz sentir na frequência expressivamente menor em que esses alunos relacionam essa dificuldade a aspectos da natureza do conhecimento, eventualmente responsável por torná-lo complexo ou incompreensível, se comparada à frequência com que devotam às limitações do próprio aprendiz os insucessos ou tropeços no domínio de um fazer e um compreender matemáticos... e a seus esforços e oportunidades individuais a possibilidade de superá-los.

A discussão das concepções de Matemática pode assim auxiliar na compreensão, mas também no questionamento, de determinados mitos fortemente estabelecidos na Matemática Escolar e cultuados por boa parte dos educadores e dos educandos. Dificuldade e universalidade de alguma forma justificam outro mito, o da linearidade do conhecimento matemático, traduzido na rigidez que se imprime à organização e ao sequenciamento dos conteúdos de ensino sob a alegação de que "é preciso garantir tantos e tais pré-requisitos para seguir adiante". A heterogeneidade das experiências dos alunos e sua riqueza em termos qualitativos e valorativos nos obrigam a questionar os mitos dessa natureza, buscando compreendê-los em sua dimensão cultural e política para podermos enfrentar, ainda que sem a pretensão de chegarmos a um consenso, mas com relativa autonomia, a questão da seleção, dentre os conteúdos e procedimentos propostos para o ensino da matemática escolar, daquilo que seria essencial, interessante, significativo para o processo de construção do conhecimento matemático de nossos alunos e a questão de como tal seleção se atrelaria (ou não) à contextualização de seu ensino para essas pessoas jovens e adultas, em particular, como uma contribuição para expandir e diversificar suas práticas de leitura.

Possibilidades e implicações da interdisciplinaridade

Recorrentemente aparecem nos textos prescritivos para o ensino da Matemática em todos os níveis, e particularmente para a EJA, orientações dirigidas à revalorização do trabalho com os problemas do cotidiano, com a Modelagem Matemática, com a Pedagogia de Projetos, com a leitura de textos em diversos suportes e sobre assuntos variados. Isso traz à baila a inevitável questão da interdisciplinaridade, suas possibilidades e limitações interpostas pela formação ou pela disposição dos professores e pela própria estrutura da Escola, em geral, ou do funcionamento de uma instituição específica.

Trabalhos interdisciplinares nos primeiros anos do Ensino Fundamental, na EJA como no ensino para crianças, têm encontrado um espaço muito mais receptivo do que nos ciclos seguintes. Não podemos considerar esse fato sem relacioná-lo à formação dos educadores e à própria organização do trabalho escolar que nos primeiros anos de escolarização apresenta uma rigidez muito menor na distribuição dos tempos, dos espaços e dos profissionais para o trabalho com as diversas disciplinas. No caso específico da EJA, na linha da Proposta Curricular para Jovens e Adultos elaborada pela Ação Educativa sob a chancela do Ministério da Educação (ver RIBEIRO, 1997), foram produzidos materiais didáticos bastante consistentes para o desenvolvimento de um projeto pedagógico de escolarização de jovens e adultos, a partir de temas como a identidade do estudante, as trajetórias de vida, as relações com o espaço físico e social, questões de saúde, condições de vida e integração ao ambiente, cidadania e participação. (Veja-se como exemplo, a coleção Viver, Aprender [Vóvio, 1998]).

Porém, o trabalho interdisciplinar nas séries seguintes enfrenta dificuldades análogas às enfrentadas no ensino dito *regular*, a despeito da maior autonomia de organização dos tempos e conteúdos escolares de que gozam certos projetos de EJA e dos esforços motivados pela consciência dos profissionais e pelas demandas dos alunos.

Um ensino de Matemática que rompe com a estrutura de organização curricular por conteúdos, para adotar, radicalmente ou eventualmente, um tratamento dos temas matemáticos a partir das demandas interpostas por problemas ou projetos de trabalho, obriga-nos a enfrentar uma outra questão, de certa forma conectada ao mito da linearidade, que é a questão da gradação de dificuldades das tarefas e dos conceitos matemáticos com as quais propiciaremos ou permitiremos que nossos alunos se defrontem. O questionamento que aqui se coloca nos parece semelhante ao que se propõe também quando da seleção dos textos com os quais se vai trabalhar no ensino da Língua Materna na EJA. Que critérios se utilizam para selecionar os textos com que trabalharemos numa sala de aula de alunos adultos: complexidade léxica ou possibilidades de significação? Da mesma maneira, os educadores precisam refletir sobre a legitimidade e a adequação didática de se trabalharem ou se *censurarem* conceitos, representações e procedimentos matemáticos quando emergirem no desenvolvimento dos Projetos de Ensino, na resolução de problemas reais vivenciados pelos alunos, ou para a compreensão de um texto que se vale de gráficos, tabelas, medidas, referência a índices, a dados numéricos e a bases de cálculos.

Relações entre os conhecimentos *prévios*[8] dos alunos e o acesso ao conhecimento escolar

Temos ainda a discussão sobre o tratamento a ser dado à variedade e à heterogeneidade dos conhecimentos *prévios* dos alunos.

Desde o final do século XX, diversas propostas e estudos para o ensino de Matemática em todos os níveis, e em particular para a educação

---

[8] Utilizamos aqui a expressão consagrada no discurso pedagógico, embora rejeitemos a conotação evolutiva que esse adjetivo pode sugerir.

de adultos, reconhecem a necessidade de se considerarem as experiências que os alunos trazem de sua vida cotidiana (ÁVILA, 1996; CARRAHER, 1988; CARVALHO, 1995; DUARTE, 1986; KNIJNIK, 1996; MARTINS, 1994; MONTEIRO, 1991; SOTO, 1995; SOUZA, 1988). Os estudiosos da Educação Matemática, principalmente os que trabalham na linha da Etnomatemática (entre os quais, não por coincidência, há um número significativo daqueles que militam na EJA), insistem em investigar ou considerar como hipótese de suas investigações as formas específicas de matematizar de cada grupo cultural. Para a EJA, em especial, considerar essa diversidade e respeitar essas particularidades torna-se essencial.

Numa conferência sobre valores como determinantes do currículo em Matemática, Ubiratan D'Ambrosio afirmava já, em 1985, que respeitar o passado cultural do aluno não só lhe daria confiança em seu próprio conhecimento e na sua *habilidade de conhecer*, como também lhe conferiria "uma certa dignidade cultural ao ver suas origens culturais sendo aceitas por seu mestre e desse modo saber que esse respeito se estende também à sua família e à sua cultura" (D'AMBROSIO, 1985, p. 5). Ao perceber que a escola não apenas *aceita*, mas *valoriza* os conhecimentos que ele maneja com certa destreza, o aluno adulto sente-se mais seguro, mais integrado ao fazer escolar e, principalmente, "reconhece que tem valor por si mesmo e por suas decisões. É o processo de liberação do indivíduo que está em jogo", reforça D'Ambrosio.

No entanto, para balizar uma proposta de ensino de Matemática para jovens e adultos, é inevitável, até mesmo por respeito às expectativas dos alunos, considerar também o parâmetro dos programas oficiais e a perspectiva da continuidade dos estudos. Esses elementos não podem ser negligenciados quando se arrisca uma reflexão que envolva alunos e professores na busca de definir o que seria o essencial na Educação Matemática, no nível do Ensino Fundamental e, talvez mais ainda, no nível do Ensino Médio.

É importante observar que a *busca do essencial* não pode ter a conotação de mera exclusão de alguns conteúdos mais sofisticados, dando a sensação de que os alunos jovens e adultos *receberiam menos* do que os alunos do curso regular. Pelo contrário, é preciso tecer em conjunto uma programação cuja qualidade seja tanto melhor na medida em que é consciente e honestamente elaborada e assumida por aqueles que se

Demandas e contribuições do Ensino de Matemática na Educação de Jovens e Adultos

dispõem a desenvolvê-la. Assim, a formação dos educadores de Jovens e Adultos deverá contribuir "para uma compreensão amadurecida da mudança de perspectiva que representa passar da preocupação com *o que é que dá prá ensinar de Matemática numa escola para Jovens e Adultos* para a busca da *inserção do ensino da Matemática na Educação Fundamental de pessoas jovens e adultas*" (FONSECA, 1998).

Ainda uma palavra sobre metodologia e avaliação

Em relação à metodologia de ensino, essa mudança de perspectiva nos obrigaria a um descentramento do conteúdo matemático e um exercício de (re)significação desse conhecimento, uma atitude de observação atenta e de despojada partilha das demandas e do patrimônio cultural que tanto o professor quanto os alunos trazem para a sala de aula, e uma postura crítica, mas ao mesmo tempo generosa, em relação ao papel político que ele próprio, seus alunos, seus colegas e a comunidade atribuem à Educação Básica de Pessoas Jovens e Adultas.

Assim, a avaliação da Educação Matemática num projeto pedagógico de EJA deverá indicar em que medida o trabalho desenvolvido foi capaz de contribuir para a ampliação, a diversificação e a eficiência das habilidades de leitura (e escrita) dos educandos, quer pelo enriquecimento e pela confiança no uso do vocabulário; quer pela compreensão de novas formas de representação; quer pela capacidade de relacionar informações, especialmente aquelas expressas por dados quantitativos ou que requerem ser submetidas a operações aritméticas ou algébricas; quer seja ainda porque todo o texto está permeado por tipos de raciocínios próprios dos procedimentos ou da organização da Matemática, forjando sua linha de argumentação, ou inserindo-o num contexto cultural em que o conhecimento matemático tem uma valoração tal que faz do acesso às formas de produção e expressão desse conhecimento um requisito fundamental para o processo de inclusão social.

Para prosseguir na reflexão

Se todas essas questões são relevantes no ensino da Matemática em geral, mas adquirem tonalidades próprias quando esse ensino se realiza num contexto de EJA, uma delas se destaca pela dramaticidade que assume quando se torna decisiva não apenas para as opções pedagógicas dos educadores, mas para a própria inserção, permanência e crescimento do aluno no processo de escolarização.

Trata-se da constituição do sentido do ensinar-e-aprender Matemática, que nos remete à questão da significação da Matemática que é aprendida-e-ensinada e de como as propostas pedagógicas implantadas nas experiências de EJA vêm trabalhando essa questão.

Por acreditarmos ser uma questão crucial, no terceiro e último capítulo deste livro procuramos trazer a contribuição de nossa experiência e reflexão para sua discussão e convocar o leitor para contemplá-la, considerando os elementos que aqui trazemos.

Capítulo III

Ensino-aprendizagem da Matemática na EJA como espaço de negociação de sentidos e constituição de sujeitos

Neste capítulo, pretendemos enfocar o modo como as diversas tendências na Educação Matemática de Jovens e Adultos retomam a questão da significação da Matemática e do sentido do ensinar e aprender Matemática, a partir dos quais se estabelecem como espaços de negociação de sentidos e constituição de sujeitos.

A abordagem que faremos é semelhante à que desenvolvemos num trabalho anterior (FONSECA, 1999a), naquela oportunidade propondo uma discussão em relação à Educação Matemática, em geral. Aqui, porém, queremos tratar da questão da significação da Matemática que se ensina e se aprende e do sentido de aprendê-la e ensiná-la no contexto específico da Educação de Jovens e Adultos, porque acreditamos que, nesse contexto, a questão assume contornos diferenciados, talvez mais definidos, cuja percepção nos ajudaria a compreender melhor as propostas pedagógicas, suas motivações e suas repercussões na trajetória escolar dos alunos da EJA.

Contrariamente ao que fizemos no trabalho citado, evitaremos lançar mão da analogia com os estudos linguísticos, o que demandaria a mobilização de muitos conceitos específicos, que não cremos serem indispensáveis para o que pretendemos focar na discussão que propomos.

A busca do sentido no (e para o) ensinar-e-aprender-Matemática-na-Educação-escolar de Jovens e Adultos

A busca do sentido no (e para o) ensinar-e-aprender-Matemática-na-Educação-escolar, não será, por certo, uma preocupação circunscrita à Educação Matemática de Jovens e Adultos, mas nela assume uma dimensão dramática. Lidamos aqui com estudantes para quem a Educação Escolar é uma opção *adulta*, mas é também uma luta pessoal, muitas vezes penosa, quase sempre árdua, que carece, por isso, justificar-se a cada dificuldade, a cada dúvida, a cada esforço, a cada conquista. É no âmbito dessa demanda que essa busca se coloca como uma indagação fundamental (aflita ou latente) a todos que se envolvem com o ensino e a aprendizagem da Matemática Escolar, particularmente em tempos de questionamento da identidade profissional do professor, dos objetivos, das responsabilidades e das perspectivas da Educação e dos papéis institucionais.

Num contexto de condições adversas como é aquele com que os alunos e as alunas da Educação de Jovens e Adultos (EJA) se deparam no dia a dia de sua vida particular, profissional, comunitária e no *noite a noite* de sua vida escolar, o que surpreende e demanda investigação não é a evasão que esvazia as salas de aula ao longo do ano, mas justamente as razões da permanência daqueles alunos e daquelas alunas que prosseguem seus estudos. O que queremos aqui discutir é como as razões de permanência estão intimamente ligadas à possibilidade e à consistência dos esforços de constituição de sentidos nas atividades que na Escola se desenvolvem, nas ideias que ali circulam, nas relações que ali se estabelecem.

Nessa perspectiva, devemos indagar-nos sobre o(s) sentido(s) que os alunos e as alunas da EJA conferem ao ensinar e aprender Matemática na Escola. Em minha experiência como educadora de jovens e adultos, formadora de educadores de jovens e adultos ou pesquisadora no campo da Educação de Jovens e Adultos, jamais escutei de um aluno ou uma aluna algo como: "eu acho que a gente não devia aprender Matemática". Já escutei que ela é "difícil", "chata", "teimosa", "abstrata", "irracional (sic)", mas jamais que ela fosse "*dispensável*". Isso é um fenômeno interessante porque sugere que o questionamento dos educandos jovens e adultos pousa sobre os *modos de matematicar*, mas não sobre a importância de o fazer. Neste capítulo, procuraremos analisar justamente como se constituem os sentidos do ensinar e aprender Matemática nas propostas pedagógicas que se implementam na EJA, considerando-se a relevância de contemplar uma indagação que não apenas subsidia a própria justificativa da inclusão da Matemática no currículo dessas propostas, mas cuja abordagem confere a seus atores (professores e alunos) lugar de sujeitos de ensino e aprendizagem.

Em particular, vamos refletir sobre como a busca do sentido do ensinar e aprender Matemática remete às questões de significação da Matemática que é ensinada e aprendida. Acreditamos que o sentido se constrói à medida que a rede de significados ganha corpo, substância, profundidade. A busca do sentido do ensinar-e-aprender Matemática será, pois, uma busca de *acessar, reconstituir,* tornar *robustos*, mas também *flexíveis*, os significados da Matemática que é ensinada-e-aprendida.

A busca do sentido pela reinclusão do objeto na constituição dos significados da Matemática que é ensinada e aprendida

O primeiro desses esforços de busca do sentido do ensinar e aprender Matemática que aqui vamos analisar vai-se manifestar justamente na trajetória de reinclusão do *objeto* na/da Matemática que se ensina e se aprende.

Ou seja, vamos aqui analisar a procura de se estabelecer uma relação da Matemática com o "real" que considera que o *sentido da Matemática* está em ser ela um modelo possível – e útil – da realidade.

A Matemática, nessa perspectiva, deixa de figurar como "um mundo de símbolos que se definem pelas relações que têm entre si, sem recurso a nada que lhe seja exterior"[1] e o trabalho pedagógico se direciona

---

[1] Essa é a definição de "Língua" de Sausurre, mas corresponde bem às concepções de Matemática que supervalorizam os aspectos formais.

para o (re)stabelecimento da relação entre a expressão matemática e o objeto ou fenômeno que seria por ela expresso.

Desde os anos finais do século XX, passaram a ser recorrentes nos documentos *prescritivos* (Parâmetros Curriculares Nacionais, Manuais do Professor em livros didáticos, Programas de Ensino elaborados pelas Secretarias de Educação, Literatura na área da Educação Matemática) uma recomendação enfática para que "se utilizem *problemas do cotidiano* para ensinar Matemática".

Se essa é uma tendência bastante impulsionada pelo discurso dominante atual na Educação Matemática, na EJA, entretanto, ela parece ter-se estabelecido muito mais em função do legado deixado pelas experiências de Educação dos movimentos populares do que pelas recomendações das propostas oficiais. Essas últimas, sim, é que parecem ecoar o que já se fazia naquelas experiências, embora, não raro, acabem *invertendo a polaridade* das intenções: em vez de ensinar Matemática para que os alunos possam resolver melhor os problemas, na preocupação com a didatização e no apego aos valores tipicamente escolares, colocam-se os problemas a serviço do ensino de Matemática.

De qualquer maneira, podemos reconhecer na Resolução de Problemas, quando se privilegiam problemas do cotidiano, mas de modo mais explícito, na Modelagem, alternativas que buscam "tornar o ensino da Matemática mais significativo para quem aprende, na medida em que parte do real-vivido dos educandos para níveis mais formais e abstratos" (MONTEIRO, 1991, p. 110).

De fato, a utilização da metodologia da Modelagem no ensino da Matemática supõe o tratamento de um problema a partir de dados experimentais ou empíricos que ajudem na compreensão do problema, na elaboração, escolha ou adaptação do modelo e na decisão sobre sua validade. O processo se desenvolve selecionando-se as variáveis essenciais cujo comportamento será investigado, o que permite uma primeira formulação em linguagem natural do problema ou da situação real. A montagem do modelo matemático consiste em substituir a linguagem natural por uma linguagem matemática, que poderá ser mais ou menos complexa, e necessitar repetidos ajustes, conforme a natureza do problema, mas, principalmente, de acordo com o nível de exigência de conformidade com a "realidade" cobrada da resolução do problema (cf. MONTEIRO, 1991, p. 108).

Assim, num esforço de se resgatar o significado da Matemática que se vai ensinar, busca-se (re-)estabelecer a relação entre conceitos e procedimentos matemáticos e o mundo das coisas e dos fenômenos. Não que outras tendências do ensino da Matemática deixem de considerar o real vivido, o mundo; mas no caso da Modelagem, a Matemática é tomada justamente como um "modelo da realidade; isto é, um esquema ou modo simplificado de ver a realidade, separando alguns de seus aspectos" (DAVID, 1995, p. 63). O saber matemático e o fazer matemático que a escola passa a veicular estarão, portanto, sempre associados com "o processo de construção de *um modelo abstrato descritivo de algum sistema concreto*" (GAZZETTA, 1989, p. 26, grifo nosso).

Não é, pois, por acaso que muitos dos primeiros exemplos de trabalhos pedagógicos com a "modelagem matemática" se realizam no âmbito da EJA. Na EJA, aliam-se a necessidade dos alunos em adquirirem instrumental para resolver seus problemas e a própria disponibilização e diversidade de informações e recursos que o próprio aluno adulto traz para a sala de aula, adquiridos em sua vivência social, familiar, profissional, esportiva, religiosa, sindical etc.

Além disso, há ainda uma certa *liberdade* em relação aos *currículos*, o que favorece uma atitude um pouco mais autônoma na definição da programação a ser cumprida, embora se reconheça que essa autonomia cada vez mais se relativiza, à medida que se avança nos níveis de escolarização ou mesmo que se assume a estrutura da escolarização.

Porém, esse movimento de "tornar o ensino de Matemática mais significativo para quem aprende, na medida em que parte do real-vivido dos educandos para níveis mais formais e abstratos" (MONTEIRO, 1991, p. 110) acaba por inserir um outro elemento, além do *objeto* nas considerações sobre a atribuição de significado na Matemática.

De fato, a definição dessa *realidade concreta,* de onde se extraem as informações e que eventualmente sofrerá as consequências das ações sugeridas pelo tratamento matemático de seu modelo, inclui "todos os fatos ou dados tomados em si mesmos, além de toda a percepção que os indivíduos inseridos nesta realidade têm dos fatos" (p. 117).

Ora, a *percepção* supõe um reconhecimento *social* da relevância da contribuição dessa percepção para a compreensão do dado e, futuramente, na elaboração dos modelos. Isso sugere o caráter subjetivo das *percepções...* e nos obriga a considerar o papel do *sujeito* nos processos de atribuição de significado na Matemática.

A busca do sentido pela reinclusão do sujeito na constituição dos significados da Matemática que é ensinada e aprendida

A consideração de um sujeito – que age intencionalmente sobre o objeto, ou por causa do objeto (ou contra o objeto), enfim, na relação com o objeto – encontra respaldo em princípios caros à EJA, como a concepção do aprendiz como "sujeito ativo", a valorização da *autonomia* na construção e na utilização do conhecimento, e o *respeito* às concepções, crenças e desconfianças, objetivos e razões dos educandos.

De novo será na EJA que se encontrarão as experiências mais consistentes, permeadas pelos esforços de se compreender a lógica própria dos procedimentos matemáticos adotados por um indivíduo ou uma comunidade, lógica que, incorporando as preocupações e visões de mundo desses indivíduos ou grupos, determina as ênfases e as omissões na abordagem da Matemática, o estabelecimento de critérios, de procedimentos e de notações, a admissão ou a seleção de conceitos básicos e o desenho com que se vai tecendo a malha de suas derivações.

Marcos sensíveis desse *espírito* na Educação Matemática, em geral, e na Educação Matemática de Jovens e Adultos, em particular, são as investigações sobre a produção (escrita ou oral) dos alunos, a flexibilização nas exigências de padronização na expressão dos procedimentos matemáticos, o incentivo à apresentação de registros mais personalizados, enfim, a maior relevância atribuída ao processo do que ao produto.

Mas é importante destacar que os modos de se considerar o sujeito adquirem um caráter próprio nas experiências de EJA. Ainda que acreditemos que em todos os níveis e modalidades da Educação não se possa acolher o sujeito da aprendizagem apenas em sua dimensão cognitiva, é no contexto da EJA que, de maneira decisiva, urge superar a concepção do aprendiz tão somente como um *sujeito psicológico*, como foi comum tomar o aprendiz criança, especialmente nos anos 1960 e 1970.

Além de se ter muito pouco conhecimento acumulado sobre os processos cognitivos, em particular na aprendizagem do adulto, as condições de excluído da escola e de pertencer a um grupo sociocultural distinto daquele para o qual a escola foi tradicionalmente dirigida – que é o que caracteriza o público da EJA – obrigam-nos a dar destaque aos posicionamentos que assumem como *sujeitos culturais*: nos quais se reconhecem as marcas da cultura permeando suas posturas e decisões, intenções e modos do seu fazer e do seu estar no mundo, e, portanto, de suas motivações e recursos de *matematicar*.

Expressão desse reconhecimento, a *abordagem etnomatemática* procura resgatar a intencionalidade do sujeito cultural manifesta em seu fazer matemático.

Com efeito, a perspectiva que Gelsa Knijnik (1996) denomina "Abordagem Etnomatemática" pode ser vista como uma proposta para o ensino da Matemática que procura resgatar a intencionalidade do sujeito manifesta em seu fazer matemático, ao se preocupar com que a motivação para o aprendizado seja gerada por uma situação-problema por ele selecionada, com a valorização e o encorajamento às manifestações das ideias e opiniões de todos e com o questionamento de uma visão um tanto *maniqueísta* do certo/errado da Matemática (escolar).

Outros trabalhos na Etnomatemática, desenvolvidos para estudar os "processos de geração, organização e transmissão de conhecimento (matemático) em diversos sistemas culturais e as forças interativas que agem entre os três processos" (D'AMBROSIO, 1990, p. 7), focalizarão e/ou tomarão como hipótese a relação do sujeito ou da comunidade com a Matemática que fazem ou usam como definidora de sua forma, bem como de seu objeto.

Esses estudos investigam tais processos em "grupos culturais identificáveis como, por exemplo, sociedades nacionais-tribais, grupos sindicais e profissionais, crianças de uma certa faixa etária, etc.", e incluem "memória cultural, códigos, símbolos, mitos e até maneiras específicas de raciocinar e inferir" (D'AMBROSIO, 1993, p. 9). Colocando no centro da discussão os aspectos culturais, pesquisas e propostas pedagógicas nessa linha, relativizam as pretensas universalidade e neutralidade da Matemática, e exibem sua intencionalidade e susceptibilidade às influências das circunstâncias e das características dos sujeitos que a produzem ou dela fazem uso.

O trabalho pedagógico na EJA estabelece campo fértil de oportunidades e demandas de estudos dos processos de geração, organização e transmissão do conhecimento matemático, considerando-se as influências da cultura e das relações de poder sobre tais processos. Os alunos da EJA, reconhecidos como grupo sociocultural, poderão assumir conscientemente forma e objeto da Matemática que fazem e/ou demandam, tomada a partir da relação que sua comunidade com ela estabelece.

É nessa perspectiva que as práticas matemáticas populares devem passar a ser interpretadas e decodificadas, tendo em vista a apreensão de sua coerência interna e de sua estreita conexão com o mundo prático, o que as habilita a continuarem sendo utilizadas em situações que o aluno julgar adequadas.

Se, porém, os alunos que procuram a EJA esperam apropriar--se dos conceitos ou procedimentos da Matemática Acadêmica, tradicionalmente tomados como objetivos do processo de ensino, por sua utilidade ou valorização social, é preciso, entretanto, avançar em alguns pontos cruciais como a discussão dos critérios de seleção dos conteúdos a serem contemplados e, principalmente, o tratamento que se deve conferir aos saberes populares. Quando se quer dar relevância ao cotidiano de luta pela sobrevivência dos sujeitos envolvidos na EJA, não se pode "usar os saberes populares unicamente como 'material intelectual', ponte a partir da qual os saberes acadêmicos seriam aprendidos" (KNIJNIK, 1996, p. 62). A Matemática popular não pode, tampouco, ser considerada "meramente como folclore, algo que merece ser resgatado para que 'o povo se sinta valorizado'" (*Ibidem*, p. 62), embora esta operação possa produzir tal efeito. Se consideramos haver na EJA, indubitavelmente, em respeito às demandas dos alunos, "o propósito de ensinar a matemática acadêmica, socialmente legitimada, cujo domínio os próprios grupos subordinados colocam como condição para que possam participar da vida social, cultural e econômica de modo menos desvantajoso" (*Ibidem*, p. 62), não podemos tratar, por isso, os saberes acadêmicos e populares de modo dicotômico. Suas relações devem ser permanentemente examinadas, tendo como parâmetro de análise as relações de poder envolvidas no uso de cada um desses saberes.

Essa análise, porém, remete-nos à inclusão na abordagem da Matemática Escolar de mais um de seus elementos tradicionalmente excluídos: a *história*.

A busca do sentido pela reinclusão da história na constituição dos significados da Matemática que é ensinada e aprendida

A tematização do confronto ou da solidariedade entre os saberes acadêmicos e populares põe em foco as relações de poder envolvidas no uso e na abordagem desses saberes.

É a *história* que se infiltra na constituição de significados da Matemática, obrigando a uma redefinição conceitual nos modos de propor, realizar e analisar as práticas pedagógicas.

Quando admitimos que a significação – pensada aqui no contexto do ensino e da aprendizagem da Matemática, e, em particular, considerando-se que os alunos envolvidos são adultos (da EJA) – é *histórica*, não nos referimos ao sentido temporal, historiográfico. Queremos, isto sim, reconhecer a significação como determinada pelas condições sociais de sua existência: "sua materialidade é esta historicidade" (GUIMARÃES, 1995, p. 66). Essa concepção de significação mobiliza conceitos como discurso, enunciação, sujeito, posição do sujeito na construção da noção de sentido, "tratado como discursivo e definido a partir do acontecimento enunciativo" (*Ibidem*, p. 66), na medida em que o ensino e a aprendizagem da Matemática (Escolar) se realizam num contexto de interação verbal, no qual língua e ideologia em contato produzem efeitos de sentido entre locutores (ORLANDI, 1992, p. 20).

Por isso, para a inclusão da *história* na construção do sentido[2] do ensinar e aprender Matemática e da Matemática que é aprendida, é preciso considerar seu aspecto *interlocutivo* (do ensino-aprendizagem e da Matemática) e também seu aspecto *interdiscursivo*.

Interlocutivo, porque se reconhecem os processos de ensino-aprendizagem como interação discursiva, marcada pelo conflito e pela negociação em que se estabelecem as posições relativas de sujeitos sociais, que se assumem como tal.

Interdiscursivo, porque são diversos os discursos, proferidos ou supostos (as concepções de Matemática, de mundo, de Escola, os saberes acadêmicos e da prática, as lembranças e as representações) que se relacionam no jogo interlocutivo.

Interlocução e interdiscursividade passam a ser consideradas como aspectos decisivos para a urdidura da malha de significados da Matemática que se ensina e se aprende.

Compõem esta malha – que é condição de produção de sentido para o edifício matemático e para a sua construção – as relações entre discursos *de* e *sobre* Matemática, que conformam as posturas que se assumem em relação a esse conhecimento, seu ensino e sua aprendizagem. Nesses discursos explicitam-se modos de se relacionarem conhecimento, ambiente, sujeitos e lugar histórico que se materializam nas escolhas e omissões, nas formas de expressão e de supressão, na identificação das necessidades, no atendimento às demandas que apontam, na preocupação com suas repercussões ou no arquivamento das providências pelas quais se opta ou que se vê obrigado a abandonar, bem como na mobilização e no alargamento das possibilidades que serão objeto e justificativa da interação que constitui o processo de ensino e aprendizagem da Matemática, particularmente se esse processo se dá no contexto escolar.

São portanto *curriculares* as abordagens que se conferem aos aspectos socioculturais do conhecimento matemático – mesmo que

---

[2] A inclusão da história para a abordagem da questão do sentido tem sido preocupação para muitos estudiosos da linguagem. A análise do discurso constituiu-se a partir da inclusão dessa preocupação.

a abordagem adotada silencie em relação a eles ou desvincule deles o conhecimento produzido. E sua explicitação é menos um procedimento de *descrição* do que um *exercício* de busca das origens históricas do conhecimento, de acompanhamento e de problematização de sua evolução e estruturação, de exploração de suas finalidades e de questionamento de seus papéis na interpretação e na transformação do que se toma por realidade.

Coerentes com o propósito de contribuir para a conquista de melhores e mais inclusivas condições de cidadania para seus alunos e alunas, algumas experiências de ensino de Matemática que se realizam no contexto da EJA (cf. Duarte, 1986; MST, 1994; Carvalho, 1995; Knijnik, 1996; Gualberto & Ribeiro, 1998; Cardoso, 2000; Faria, 2007; Lima, 2007; Adelino, 2009; Simões, 2010; Lima, 2012; Araújo, 2019; Silva, 2020; Grossi, 2021) enquadram-se na tendência que David (1995) caracterizou como "um ensino preocupado com as transformações sociais" e que vê na Matemática um "instrumento que nos ajuda a explicar, a compreender, a analisar nossa prática social, e nos ajuda a propor alterações para essa prática" (p. 59). São propostas que têm procurado criar condições para que os alunos percebam, experimentem, compreendam e consigam não apenas abarcar cadeias de desenvolvimentos lineares do conhecimento matemático como também transpor com desenvoltura rupturas históricas ou desvios de curso importantes nessa evolução. A compreensão desses desenvolvimentos e rupturas, se se apoia na identificação desses processos com a evolução do próprio pensamento do aluno, é, no entanto, forjada na trama – tecida por uma consciência histórica – das negociações de sentido entre alunos, professores e materiais didáticos ali disponíveis, confrontados com outros tantos personagens e enredos que habitam ou visitam a sala de aula, impregnados de textos diversos, cujo principal portador é a memória que ali se faz coletiva.

Assim, será considerando o ensino-aprendizagem da Matemática na EJA como um processo discursivo, de negociação de significados constituídos na relação com o objeto, percebido, destacado, reenfocado pelo sujeito – que é um sujeito social, marcado pelas relações de poder e pelos efeitos de memória que permeiam sua cultura e também o constituem como indivíduo – que se conferirá sentido ao ensinar-e-aprender Matemática.

Para prosseguir na reflexão

Neste livro, tomamos algumas questões que julgamos relevantes para a Educação Matemática que se realiza no âmbito da Educação Básica de Pessoas Jovens e Adultas, sem a pretensão de abordá-las de maneira exaustiva ou definitiva. Pelo contrário, nossa intenção foi jogar sobre elas focos de luz que ajudem a delineá-las para educadores, pesquisadores e demais interessados nesse campo. Para esses colegas, este livro pretende ser um convite à reflexão mais aprofundada, alimentada pelas contribuições das experiências da Educação Matemática, da Educação de Jovens e Adultos e da Educação Matemática de Jovens e Adultos e pelo confronto com a literatura relativa a essas áreas e áreas correlatas, e construída no exercício sistemático de indagar o que foi feito e acreditar no que se pode fazer.

Falo assim sem tristeza
Falo por acreditar
Que é cobrando o que fomos
Que nós iremos crescer

"O que foi feito de Vera",
de Milton Nascimento e Fernando Brant

Sugestões para um roteiro de leitura

Algumas referências e sugestões aos educadores matemáticos de jovens e adultos

Quem trabalha numa "região de fronteira", como é a Educação Matemática de Jovens e Adultos, pode, por um lado, ressentir-se da falta de materiais elaborados especificamente para sua área de atuação, mas deve, por outro lado, valer-se da riqueza e da diversidade da produção nos vários campos que compõem essa fronteira.

Ao trazer aqui algumas considerações para a busca de referências para o tratamento das questões da Educação Matemática de Jovens e Adultos, faço-o no sentido de compartilhar com outros colegas, professores de Matemática, educadores de jovens e adultos, pesquisadores, formadores, um pouco dos critérios e das trilhas que fui construindo ou descobrindo na disposição de inserir o hábito da reflexão contínua, sistemática e coletiva como constituinte de meu trabalho de professora, pesquisadora e formadora.

Textos sobre Educação

O professor de Matemática que trabalha em qualquer nível de ensino e com qualquer público deve lembrar-se sempre de que é, antes de mais nada, um educador. Os papéis do educador e da educação são objeto de reflexão sistemática de um grande número de pesquisadores de modo que a produção acadêmica no campo da Educação é vasta e relativamente bem divulgada. Assim, o educador matemático de jovens e adultos tem à sua disposição uma variedade muito grande de textos, numa diversidade também grande de estilos e intenções, e que circulam em veículos destinados a diferentes públicos.

Para selecionarmos nesse enorme leque de textos aqueles que mais nos interessariam, teríamos, naturalmente, que considerar nossos objetivos mais imediatos; mas há um critério básico que me parece pautar essas escolhas de uma maneira geral: o educador de jovens e adultos deve buscar referências que o integrem na discussão da mudança essencial de paradigma nas iniciativas educacionais, que, mesmo que ainda não tenha encontrado ou viabilizado as condições de realização, abrace a ideia da *inclusão*. Essa mudança reflete um processo histórico, marcado pelas pressões sociais, econômicas e culturais, às quais o educador não pode estar alheio, sob pena de não alcançar o sentido de sua própria ação educativa.

Numa bibliografia dessa natureza, é claro que não poderia faltar a obra de Paulo Freire, boa parte referida, inclusive, a experiências na Educação de Adultos, que define a questão da efetiva e radical inclusão sociocultural como a marca identificadora de um projeto educativo responsável.

Além de Freire, muitos outros autores poderiam ser aqui citados, e as mais diversas temáticas associadas ao paradigma da inclusão mencionadas como eventuais focos da atenção dos educadores de jovens e adultos. Mas quero optar por fazer uma sugestão mais específica aos educadores em geral, e particularmente aos educadores matemáticos de jovens e adultos. Convoco-os a voltarem sua atenção para a produção a respeito do ensino da leitura e da escrita.

O acesso a uma participação cada vez mais autônoma e inclusiva no mundo letrado é talvez o principal anseio do aluno jovem e adulto da escola básica, excluído que foi do processo de escolarização e do acesso aos bens culturais que essa escolarização poderia proporcionar-lhe, a maior parte deles de alguma forma relacionados à cultura letrada. Os professores de todas as matérias devem ter clareza de que o seu papel, especialmente dos que atuam na escola básica, é proporcionar a seus alunos oportunidades e instrumentos para o acesso a uma diversidade cada vez mais ampla de gêneros textuais, que os habilite a participar, compreender, questionar, transformar as sociedades e as culturas em que se inserem ou desejam inserir-se. Não é diferente para o professor de matemática, e é particularmente decisivo para o educador matemático de jovens e adultos compreender seu papel no processo de letramento de seus alunos, para o que eu recomendaria uma maior aproximação com as discussões desse campo.

Vão aqui algumas dicas:

SOARES, Magda. *Linguagem e escola: uma perspectiva social*. São Paulo: Ática, 1986.

SOARES, Magda. *Letramento: um tema em três gêneros*. Belo Horizonte: Autêntica, 1998.

KLEIMAN, Angela. *Texto e leitor: aspectos cognitivos da leitura*. Campinas: Pontes, 1989.

KLEIMAN, Angela. (Org.). *Os significados do letramento: uma nova perspectiva sobre a prática social da escrita*. Campinas: Mercado das Letras, 1995.

KLEIMAN, Angela & MORAES, Silvia. *Leitura e interdisciplinaridade: tecendo redes nos projetos da escola*. Campinas: Mercado das Letras, 1999.

NEVES, Iara C.B. *et al. Ler e escrever: compromisso de todas as áreas*. Porto Alegre: Ed.Universidade/UFRGS, 2000.

RIBEIRO, Vera M. (Org.). *Letramento no Brasil*. São Paulo: Global, 2003.

FONSECA, Maria C. F. R. (Org.). *Letramento no Brasil: habilidades matemáticas*. São Paulo: Global, 2004.

Também recomendo aos professores e pesquisadores da Educação Matemática e da Educação de Jovens e Adultos, que se acostumem a recorrer aos periódicos da área da Educação, onde encontrarão textos diversos que lhes poderiam interessar, e mesmo textos específicos de suas áreas (Educação Matemática e/ou Educação de Jovens e Adultos). Essas publicações costumam trazer uma abordagem mais integrada ao contexto geral da Educação do que aqueles publicados em periódicos específicos da EJA ou da Educação Matemática. É também interessante acompanhar o espaço que essas temáticas vão conquistando entre as preocupações no campo da Educação e a maneira como suas questões permeiam e deixam-se permear pelas questões das outras áreas.

Esse espaço revela-se não apenas na publicação de artigos "avulsos" sobre a EJA ou a Educação Matemática, mas também pela preocupação de muitos editores em organizar números ou seções temáticas que contemplem determinadas temáticas. A *Educação em Revista* (publicação do Programa de Pós-Graduação em Educação: Conhecimento e Inclusão Social da UFMG), por exemplo, publicou em seu número 32, de dezembro de 2000, um dossiê sobre os grupos de pesquisa brasileiros em Educação de Jovens e Adultos e em seu número 36, publicado em 2002, um outro dossiê sobre os principais temas pesquisados na Educação Matemática no Brasil. Também a revista da Faculdade de Educação da USP, *Educação e Pesquisa*, fez publicar em seu número 2, volume 27, de julho/dezembro de 2001, uma seção temática sobre Educação de Jovens e Adultos e a revista *Teoria e Prática da Educação*, da Universidade Estadual de Maringá, lançou em junho de 2001, em seu número 8, volume 4, uma edição temática sobre Educação Matemática.

A EJA tem encontrado mais espaços nessas publicações, naturalmente, por atrair o interesse de uma parcela mais ampla dos leitores desses periódicos, mas também porque os educadores e pesquisadores em Educação Matemática ainda apresentam certa timidez em enviar seus trabalhos para os veículos destinados a pesquisadores no campo da Educação, preferindo falar diretamente (mas também exclusivamente) para seus pares, leitores das revistas acadêmicas da Educação Matemática (*Bolema, Zetetiké, Educação Matemática Pesquisa, Educação Matemática em Revista, Perspectivas em Educação Matemática*, etc.).

A maior parte dos trabalhos de EJA nos periódicos da Educação, porém, referem-se principalmente a políticas públicas ou análises numa dimensão macro, sendo mais discreta a ocorrência de artigos sobre a interlocução que ocorre nas salas de aula. Talvez seja também por isso que, quando passamos aos periódicos destinados a professores, a relação se inverta, e a ocorrência de artigos que tematizem o Ensino de Matemática supera com folga o número de artigos sobre a EJA. Tome-se, por exemplo, uma publicação como a revista *Presença Pedagógica* (Editora Dimensão), em que praticamente todos os

Sugestões para um roteiro de leitura

números traziam algum trabalho de interesse da Educação Matemática, mas os trabalhos destinados especificamente aos educadores de EJA já ocorriam com uma frequência bem menor. Nesse caso, porém, não creio tratar-se apenas de uma preferência do educador em enviar seus trabalhos para publicações específicas sobre EJA, mas à dificuldade e à falta de hábito de registro e análise das experiências nas salas de aula de jovens e adultos. Este é um dos desafios que educadores e formadores deverão enfrentar, criando espaços institucionais e instrumentos adequados para o desenvolvimento de uma rotina de registro e reflexão, de forma a poder compartilhar experiências e avaliações que enriqueçam as alternativas pedagógicas nos trabalhos de EJA.

Segue abaixo uma lista de periódicos da área da Educação que podem e devem ser consultados pelos educadores matemáticos de jovens e adultos na busca de subsídios para seus trabalhos de investigação na, sobre a, e da prática pedagógica.

> *Cadernos de Pesquisa* (Fundação Carlos Chagas)
> *Educação e Sociedade* (CEDES)
> *Revista Brasileira de Educação* (ANPEd)
> *Educação e Realidade* (UFRGS)
> *Educação em Revista* (UFMG)
> *Caderno CEDES* (CEDES)
> *Educação e Pesquisa* (USP)
> *Em Aberto* (INEP)
> *Educação em Questão* (UFRN)
> *Cadernos de Educação* (UFPel)
> *Contexto e Educação* (UNIJUÍ)
> *Educação em Foco* (UFJF)
> *Temas em Educação* (UFPB)
> *Teoria e Prática da Educação* (U.E. Maringá)
> *Educação e Contemporaneidade* (FAEEBA)
> *Revista Brasileira de Educação Básica*

Textos sobre Educação de Jovens e Adultos

A preocupação em buscar textos sobre EJA ultrapassa o interesse pela informação e a reflexão nesse campo: desempenha um papel fundamental na construção de nossa identidade como educadores de jovens e adultos, a partir da consciência da historicidade das iniciativas que promovemos ou das quais participamos. De fato, não podemos hoje continuar repetindo o discurso do pioneirismo de nossa experiência, de que não existe nada publicado sobre EJA, de que não temos nenhum material à nossa disposição. Se ainda são relativamente restritos os trabalhos nesse campo, mais grave é a pequena divulgação desse material e as dificuldades na circulação das informações sobre, e no acesso a, esse material.

Há muitos trabalhos publicados em livros ou artigos sobre a história da Educação de Jovens e Adultos no Brasil e eu recomendaria aos educadores matemáticos de jovens e adultos que lessem ao menos alguns desses títulos, pois é preciso entender-nos parte de uma história em construção, história de lutas, avanços e retrocessos, definida pelas forças solidárias ou conflitantes que movem os atores, as instituições e as sociedades.

Mas a urgência das demandas colocadas para a Educação de Jovens e Adultos exige daqueles que com ela se comprometem ações e atitudes diante dos novos desenhos e relações entre aquelas forças, o que requer um posicionamento mais vigilante dos educadores e pesquisadores da EJA. Assim, convém inserir-nos em grupos e redes, que acessem notícias, denunciem esquemas, proponham projetos, articulem iniciativas, viabilizem ou orientem como viabilizar ações.

No campo da Educação de Jovens e Adultos algumas organizações não governamentais, núcleos de pesquisa acadêmicos ou de ações institucionais têm desempenhado esse papel. Esses grupos, que desenvolvem projetos de pesquisa, assessorias, ações de formação de educadores ou implantação de programas, produção de propostas curriculares ou de materiais didáticos, costumam manter uma base de dados e títulos atualizada, acervo catalogado, e publicações periódicas, sendo também por isso referências importantes para educadores, pesquisadores, instituições responsáveis por iniciativas na EJA e órgãos públicos.

Destacam-se, entre outros:

- Ação Educativa – Assessoria, Pesquisa e Informação: acaoeduca@acaoeducativa.org
- Instituto Paulo Freire: ipf@paulofreire.org

Sugestões para um roteiro de leitura

- Núcleo de Educação de Jovens e Adultos – Pesquisa e Formação – NEJA da Faculdade de Educação da UFMG: neja@fae.ufmg.br
- Programa de Pós-Graduação em Educação Popular, Comunicação e Cultura da UFPB: ppge@ce.ufpb.br
- Núcleo de Estudos e Documentação sobre Educação de Jovens e Adultos – NEDEJA da Faculdade de Educação da UFF: poseduc@vm.uff.br
- Núcleo Interdisciplinar de Pesquisa, Ensino e Extensão em Educação de Jovens e Adultos – NUPEE-EJA da UFRGS: ppgedu@edu.ufrgs.br
- Núcleo de Política Educ. e Prática Pedagógica da Faculdade de Educação da UFPE: EDUUFPE@ndp.ufpe.br
- Grupo de Pesquisa Aprendizados ao longo da vida: sujeitos, políticas, processos educativos da UERJ: https://jansedapaiva.wixsite.com/aprendizadolongovida

Também importante para a inserção do educador e/ou pesquisador no campo da EJA é acessar as publicações periódicas desse campo. A RAAAB – Rede de Apoio à Ação Alfabetizadora no Brasil – publicou semestralmente a revista *Alfabetização e Cidadania – revista de Educação e de Jovens e Adultos*, elegendo para cada número uma temática específica dentro do campo da EJA. Dois números contemplaram a Educação Matemática (número 6, de dezembro de 1997 e número 14, de julho de 2002).

O volume 5 do Guia da Escola Cidadã, publicado pelo Instituto Paulo Freire e pela Editora Cortez e organizado por Moacir Gadotti e José E. Romão, contempla, sob o título de *Educação de Jovens e Adultos: teoria, prática e proposta*, discussões sobre os princípios político pedagógicos e a formação do educador, análise de experiências práticas, e parâmetros para a reflexão coletiva.

Os anais de eventos da EJA, ou os documentos neles e a partir deles elaborados são também fontes a que podemos e devemos recorrer para conhecer, discutir e tomar posições diante dos discursos e das ações de governos e associações relativos às políticas, princípios, desafios e realizações da Educação de Jovens e Adultos.

Sugerimos a educadores e pesquisadores procurarem pelos anais, por exemplo, do *Encontro Latino-Americano sobre de Educação de Jovens e Adultos Trabalhadores*, realizado em Olinda, em 1993 (anais publicados pelo INEP), ou os anais da *Conferência preparatória* realizada em Brasília em janeiro de 1997 e da *V Conferência Internacional sobre Educação de Jovens e Adultos*, realizada em Hamburgo, em julho de 1997 (anais publicados pelo MEC), como também o livro de Leôncio José Gomes Soares, *Educação de Jovens e* Adultos, da coleção *Diretrizes Curriculares Nacionais,* publicado pela DP&A, em 2002, que traz na íntegra o texto das Diretrizes Curriculares Nacionais para a Educação de Jovens e Adultos, além da análise do autor sobre o processo e o produto de sua elaboração.

As propostas curriculares ou diretrizes político-pedagógicas, e os materiais didáticos que eventualmente as acompanham, por sua vez, devem ser tomados como objeto de estudo e não só como documentos prescritivos, pois neles se explicitam os princípios e as estratégias de realização das propostas de EJA. Destaque para:

- *Educação de Jovens e Adultos: proposta curricular para o primeiro segmento do ensino fundamental.* Vera Masagão Ribeiro (coord. e texto final). São Paulo: Ação Educativa; Brasília: MEC, 1997.
- Vóvio, Cláudia Lemos (coord.). *Viver, aprender: Educação de jovens e adultos.* Livros 1, 2, 3 e 4. São Paulo: Ação Educativa, Brasília: MEC, 1998.
- *Proposta Curricular para a Educação de Jovens e Adultos: segundo segmento do ensino fundamental: 5ª. a 8ª. série.* Brasília: Secretaria de Educação Fundamental – MEC, 2002.
- Publicações do MOVA de São Paulo, do SEJA de Porto Alegre, da Escola Plural de Belo Horizonte, entre outros.

Também, e talvez principalmente, em relação à bibliografia específica da EJA, recomendo aos educadores matemáticos de jovens e adultos que recorram a obras que tratam da questão da alfabetização e do letramento de jovens e adultos, não apenas porque é a temática que envolve a interlocução educador-educando de EJA sobre a qual maior produção bibliográfica se encontra, mas também pela convicção de que o acesso ao mundo da leitura e da escrita é decisivo na motivação, no envolvimento e no desenvolvimento do aluno em relação à escola, qualquer que seja a disciplina ministrada.

Nessa perspectiva sugiro a leitura do livro *Alfabetismo e Atitudes: pesquisa com jovens e adultos*, de Vera Masagão Ribeiro, publicado pela Papirus e pela Ação Educativa, e escrito a partir da tese de doutoramento da autora. Trata-se de um livro de referência na EJA não só pelo modo consistente pelo qual discute o problema do acesso e do domínio da escrita nas sociedades modernas, com destaque para as habilidades de leitura que caracterizariam um indivíduo como realmente capaz e apto a viver numa sociedade grafocêntrica, mas também pela opção metodológica que associa um alentado *survey* e uma análise qualitativa cuidadosa e exaustiva, a partir de entrevistas a que se submeteu uma subamostra da amostra inicial definida para o *survey*.

Finalmente devo recomendar aos educadores e pesquisadores da EJA que consultem nos anais das reuniões anuais da Associação Nacional de Pós-Graduação em Educação – ANPEd – disponíveis no site da associação (www.anped.org.br), os trabalhos e pôsteres apresentados no GT 18 (Grupo de Trabalho em Educação de Pessoas Jovens e Adultos), no qual tem sido, inclusive, expressivo o número de apresentações da área da Educação Matemática de Jovens e Adultos. Devem ser consultados também os trabalhos do GT 06 (Educação Popular), GT 03 (Movimentos Sociais e Educação), bem como os do GT 10 (Alfabetização, leitura e escrita) e, naturalmente, do GT 19 (Educação Matemática).

Cabe ainda destacar a criação em 2023, no âmbito da Sociedade Brasileira de Educação Matemática, de um GT de Educação Matemática com Pessoas Jovens, Adultas e Idosas, como desdobramento dos simpósios bianuais de mesmo nome que começaram a se realizar em 2022.

Textos da Educação Matemática

É grande hoje a produção de pesquisas e materiais didáticos sobre e para o ensino da Matemática. O educador matemático de jovens e adultos, portanto, deve valer-se da riqueza e da diversidade dessa produção.

As concepções de Matemática e de ensino de Matemática dos alunos, dos professores, das instituições, da sociedade devem ser um foco de interesse reflexivo do educador, uma vez que tais concepções têm uma influência significativa sobre as relações entre os atores da cena educativa, e desses atores com o conteúdo escolar e a própria escolarização. Na discussão dessas concepções colocam-se as indagações sobre a natureza do conhecimento matemático, sobre seu papel na formação dos alunos e professores, sobre os modos de produção, divulgação, utilização e avaliação desse conhecimento, sobre a história do ensino da Matemática, e em particular sobre a história desse ensino no Brasil, e sobre as tendências do ensino da Matemática que se vão estabelecendo e identificando nas práticas educativas e na reflexão teórica dessas práticas.

Ainda no final do século XX, já discutíamos um pouco essas questões com professores em formação, elaborando ou selecionando textos não muito longos que pudessem ser um desencadeador ou um primeiro esforço de sistematização da variada gama das ideias que se apresentam nessas discussões:

FONSECA, Maria C. F. R. Concepções de Matemática: para maiores informações vide bula. *Presença Pedagógica*, Belo Horizonte, v. 6, n. 36, p. 30-39, nov./dez. 2000.

FONSECA, Maria C. F. R. Por que ensinar Matemática. *Presença Pedagógica*, Belo Horizonte, v. 1, n. 6, p. 46-54, mar./abr. 1995.

SÃO PAULO (Município). Secretaria Municipal de Educação. Matemática: breve histórico do ensino no Brasil. In: *Movimento de Reorientação Curricular: Matemática*. São Paulo, 1992.

DAVID, Maria Manuela M.S. As possibilidades de inovação no ensino-aprendizagem da Matemática elementar. *Presença Pedagógica*, Belo Horizonte, v. 1, n. 1, p. 57-66, jan./fev. 1995.

Mas não é difícil encontrar trabalhos mais aprofundados, de natureza e metodologia investigativa e que contemplem tais questões sob múltiplos enfoques e intencionalidades distintas. Para encontrá-los, um recurso sempre fértil são os bancos de teses e bases de dados dos programas de pós-graduação em Educação Matemática (que foram implantados em muitas universidades, especialmente com a criação da área de Ensino na Capes e da autorização de Mestrados

Sugestões para um roteiro de leitura

Profissionais em Educação ou em Ensino) ou dos programas de pós-graduação em Educação que têm linha ou grupos de pesquisa em Educação Matemática (como o da UNICAMP, o da USP, o da UFMG, o da UFRN, o da UFES, só para citar alguns deles. Além dos próprios trabalhos dos pós-graduandos, textos assinalados como referências bibliográficas desses trabalhos podem ser selecionados conforme os interesses ou as demandas específicas dos educadores e pesquisadores.

Aproximando-se mais do terreno – inevitável para os educadores matemáticos de jovens e adultos – das questões socioculturais envolvidas nas relações de ensino-aprendizagem da Matemática, encontram-se os trabalhos que adotam uma abordagem etnomatemática. O livro *Etnomatemática: elo entre as tradições e a modernidade*, do professor Ubiratan D'Ambrosio, que faz parte desta coleção, apresenta em suas notas, seu apêndice e sua bibliografia uma lista variada de trabalhos nessa linha e recomenda o banco de dados organizado pelo Professor Dario Fiorentini no Círculo de Estudos Memória e Pesquisa em Educação Matemática – CEMPEM – da Faculdade de Educação da UNICAMP, como aquele que mais se aproxima de uma relação completa de teses e dissertações dessa área, no Brasil.

Para os interessados na abordagem etnomatemática, recomendo vivamente o trabalho de Gelsa Knijnik, publicado no livro: *Exclusão e resistência: educação matemática e legitimidade cultural* (Artes Médicas), não só pelo cuidadoso capítulo em que a autora caracteriza e historiciza a etnomatemática como linha de investigação, mas pela apaixonante descrição e pela rigorosa (mas não menos apaixonante) análise de seu campo (a educação no MST) e de seu trabalho de campo (realizado durante sua atuação docente junto a trabalhadores e trabalhadoras rurais) que permite considerar a etnomatemática não só como uma etnografia do saber matemático mas como proposta pedagógica que, comprometida com as transformações sociais, intencionalmente permeia e deixa-se permear do contexto cultural.

Com efeito, quem se debruça sobre as questões da Educação Matemática terá sempre em perspectiva, mais imediata ou mais remota, uma ação pedagógica efetiva, em função da qual sua reflexão será encaminhada. Para educadores matemáticos de jovens e adultos a questão da repercussão de seus estudos nos projetos em que atuam é, via de regra, urgente e decisiva, o que nos faz procurar, além de textos de reflexão "teórica", materiais de cunho mais instrumental que nos subsidiem na discussão, elaboração e implementação de propostas pedagógicas na EJA.

Se é pequena a produção de materiais didáticos específicos para o ensino de Matemática para jovens e adultos da Escola Básica, uma alternativa é recorrer a materiais que, embora elaborados originariamente visando o público adolescente ou mesmo infantil, podem ser adaptados ao trabalho com alunos adultos porque tratam de maneira adequada os conteúdos matemáticos (sob o ponto de vista conceitual, epistemológico, histórico, utilitário) e de maneira respeitosa o aprendiz.

Com essas características podemos encontrar, entre os muitos produtos ofertados hoje no mercado editorial, alguns livros didáticos e, principalmente, paradidáticos que recorrem a uma abordagem histórica do processo de produção de determinados conceitos ou procedimentos da Matemática, identificam os contextos sociais que propiciaram seu surgimento ou que justificam sua adoção e inserção no corpo de conhecimento matemático, apresentam oportunidades de sua utilização em situações do cotidiano ou aplicações específicas em determinadas atividades profissionais, discutem outras possibilidades de tratamento de problemas equivalentes por meio de outros recursos, matemáticos ou não, enfim, contribuem para que se confira ao conhecimento matemático as características de produto cultural, marcado pelas forças sociais, da tradição, da utilização, do discurso, dos jogos de poder.

Isso nos parece extremamente relevante para o ensino da Matemática em qualquer nível e para qualquer público, mas é decisivo no trabalho de constituição dos alunos adultos como sujeitos de ensino e aprendizagem.

Creio poder recomendar nessa linha os livros paradidáticos das coleções *Pra que serve Matemática?* (Editora Atual), *Vivendo a Matemática* (Editora Scipione), *Contando a História da Matemática* (Editora Ática), entre outras. Alerto, porém, os educadores para que sejam criteriosos tanto na seleção desses materiais como em sua utilização, pois ao lado de muito trabalho cuidadoso, outros tantos têm surgido que, com o propósito de "tornar o ensino da Matemática mais divertido", acabam incorrendo em banalizações, infantilizações e mesmo incorreções, que podem ser extremamente prejudiciais ao aprendizado e à dinâmica de sala de aula, para alunos adultos, jovens, adolescentes e crianças.

Como já me referi em relação à Educação e à Educação de Jovens e Adultos, o educador matemático de jovens e adultos também deve procurar inserir-se nas discussões atuais do campo da Educação Matemática. Aqui, como nos outros casos, a consulta aos periódicos da área desempenhará um papel importantíssimo na formação do educador-pesquisador. Cito abaixo alguns dos periódicos especializados em Educação Matemática de maior circulação no Brasil, e as instituições por eles responsáveis:

BOLEMA – Boletim da Educação Matemática – Instituto de Geociências e Ciências Exatas da UNESP-Rio Claro
Zetetiké – Círculo de Estudo, Memória e Pesquisa em Educação Matemática (CEMPEM) da Faculdade de Educação da UNICAMP
A Educação Matemática em Revista – Sociedade Brasileira de Educação Matemática (SBEM)
Educação Matemática Pesquisa – PUC-SP
Perspectivas em Educação Matemática – UFMS
EM TEIA – Revista de educação matemática e tecnológica iberoamericana – UFPE
Revista Latinoamericana de Etnomatemática: Perspectivas Socioculturales de la Educación Matemática – Red Internacional de Etnomatemáticas

Escolas de Educação Básica e de Ensino Superior têm editado cadernos e revistas em que fazem publicar relatos de pesquisas e de experiências locais e são fontes muito interessantes para os educadores. Sua maior limitação está na divulgação, sendo nesse caso necessário que o educador procure informar-se usando sistemas de busca de maneira disciplinada e curiosa.

Para o acesso a essas e outras informações, a associação a grupos de mesmo interesse (locais, regionais, nacionais e internacionais) é uma estratégia fundamental. A Sociedade Brasileira de Educação Matemática (www.sbem.com.br) está organizada em regionais em todos os estados da federação e foi criada para cumprir o papel de congregar educadores matemáticos de todo país, de fazer circular informações, organizar eventos e promover discussões de temas de interesse da comunidade de educadores matemáticos do Brasil.

Além disso, o educador matemático de jovens e adultos deverá inteirar-se também das disposições oficiais propostas pelos órgãos públicos para o campo da Educação Matemática, refletindo, por exemplo, sobre o que significa do ponto de vista da concepção de EJA a orientação de "alinhá-la" à Base Nacional Comum Curricular, nas orientações para a escolha dos livros didáticos das escolas públicas do Programa Nacional do Livro Didático, nas Propostas Curriculares Municipais ou Estaduais, tanto quanto nos documentos elaborados especificamente para a EJA, já citados neste "roteiro" na busca de subsídios para o educador-pesquisador matemático de jovens e adultos.

Finalmente, mas não menos importante, é preciso que o professor (e o) pesquisador que atua na Educação Matemática de Jovens e Adultos não se descuide de sua formação matemática. A possibilidade de, a partir dos materiais que temos à nossa disposição, garimpados não sem esforço, construirmos uma investigação e/ou uma proposta pedagógica responsável e consistente, depende também da nossa intimidade com o conhecimento matemático que nos habilite e nos autorize a vislumbrar possibilidades, propor e analisar alternativas, promover adaptações, recriações e desconstruções, que melhor atendam os propósitos, as demandas e os desejos de educandos jovens e adultos e de seus educadores, quando assumem na cena educativa o lugar de sujeitos do ensino-aprendizagem da Matemática.

Referências

ADELINO, Paula Resende. *Práticas de Numeramento nos livros didáticos de matemática voltados para a Educação de Jovens e Adultos*. 2009. 264f. Dissertação (Mestrado) – Universidade Federal de Minas Gerais, Faculdade de Educação, Belo Horizonte, 2009.

AGUIAR, Alexandra C. C.; MARIANO, Adolfo C. S. *Acompanhamento da implantação do Projeto da Escola Plural no ensino de Suplência/Supletivo da Rede Municipal de Belo Horizonte*: área de interesse: Ensino da Matemática. Belo Horizonte: Faculdade de Educação da UFMG, 1995. (Relatório de pesquisa).

AMARAL, Kátia R.; ROSA, Walquíria M. *Um estudo sobre o ensino de Matemática Básica para Jovens e Adultos*. Belo Horizonte: Faculdade de Educação da UFMG, 1995. (Relatório de pesquisa).

ARAÚJO, Denise Alves. *O Ensino Médio na Educação de jovens e Adultos: o material didático de matemática e o atendimento às necessidades básicas de aprendizagem*. 2001,147f. Dissertação (Mestrado) – Universidade Federal de Minas Gerais, Faculdade de Educação, Belo Horizonte, 2001.

ARAÚJO, Denise Alves de. *Vivência e Instrução Escolar*: apropriação de conceitos matemáticos na EJA. 2019. 285f. Tese (Doutorado) – Universidade Federal de Minas Gerais, Faculdade de Educação, Belo Horizonte, 2019.

ARROYO, Miguel. A Educação de Jovens e Adultos em tempos de exclusão. *Alfabetização e Cidadania*: Revista de Educação de Jovens e Adultos. Rede de Apoio à Ação Alfabetizadora no Brasil, n. 11, abr. 2001, p. 9-20.

AUAREK, Wagner A. *A superioridade da Matemática Escolar*: um estudo das representações deste saber no cotidiano da escola. 2000. 130f. Dissertação (Mestrado) – Universidade Federal de Minas Gerais, Faculdade de Educação, Belo Horizonte, 2000.

ÁVILA, Alicia. Um currículo de Matemática para a Educação Básica de adultos: dúvidas, reflexões e contribuições. In: JORNADA DE REFLEXÃO E CAPACITAÇÃO

SOBRE MATEMÁTICA NA EDUCAÇÃO BÁSICA DE JOVENS E ADULTOS, 1995, Rio de Janeiro. *Anais...* Brasília: MEC, Secretaria de Educação Fundamental, 1996.

BELO HORIZONTE. Secretaria Municipal de Educação. *Cadernos da Escola Plural –EJA*: a construção de diretrizes político-pedagógicas para a RME/BH. Belo Horizonte: SMED/PBH, 2000.

BORBA, Marcelo C. Teaching Mathematics: Ethnomathematics, the voice of sociocultural groups. *The Clearing House*, v. 65, n. 3, 1992, p. 134-135.

BOSI, Ecléa. *Memória e sociedade*: lembranças de velhos. São Paulo: Companhia das Letras, 1995.

BRASIL. *Constituição da República Federativa do Brasil*. 3. ed. rev. e atual. São Paulo: Editora Revista dos Tribunais. 1988.

BRASIL. Ministério da Educação e do Desporto. Secretaria de Educação Fundamental. *Parâmetros Curriculares Nacionais* – Matemática, v. 2. Brasília: MEC/SEF, 1997.

BRASIL. Ministério da Educação e do Desporto. Secretaria de Educação Fundamental. *Conferência regional preparatória, Brasília, janeiro/97: V Conferência Internacional sobre Educação de Adultos, Hamburgo, julho/97*. Brasília: MEC/SEF, 1998.

BRASIL. *Parecer CNE/CEB/11/2000*. Diretrizes Curriculares Nacionais para a Educação de Jovens e Adultos. 2000.

BRÉAL, Michel. (1897). *Ensaio de Semântica*. Campinas/São Paulo: Pontes, 1992.

CABRAL, Viviane R. S. *Relações entre conhecimentos matemáticos escolares e conhecimentos do cotidiano forjados na constituição de práticas de numeramento na sala de aula da EJA*. 2007. 290f. Dissertação (Mestrado em Educação) – Universidade Federal de Minas Gerais, Faculdade de Educação, Belo Horizonte, 2007.

CALVINO, Ítalo. *Seis propostas para o próximo milênio*: lições americanas. São Paulo: Companhia das Letras, 1990.

CAPUCHO, Vera. *Educação de Jovens e Adultos*: práticas pedagógicas e fortalecimento da cidadania. São Paulo: Cortez, v. 3, 2012.

CARAÇA, Bento de Jesus. *Conceitos fundamentais da Matemática*. Lisboa: Sá da Costa, (1951) 1984.

CARDOSO, Cleusa de Abreu. As contribuições da Matemática na formação de leitores jovens e adultos. In: ENCONTRO MINEIRO DE EDUCAÇÃO MATEMÁTICA, 2, 2000, Belo Horizonte. *Anais...* Belo Horizonte: Escola Fundamental do Centro Pedagógico da UFMG, 2000, p. 129-130.

CARDOSO, Cleusa de Abreu. *Atividade matemática e práticas de leitura na sala de aula*: possibilidades na Educação de Jovens e Adultos. 2002. Dissertação (Mestrado em Educação) – Universidade Federal de Minas Gerais, Faculdade de Educação, Belo Horizonte, 2002.

CARDOSO, Edson Alves. *Uma análise da perspectiva do professor sobre o currículo de Matemática na EJA*. 173f. 2001. Dissertação (Mestrado) – Pontifícia Universidade Católica de São Paulo, São Paulo, 2001.

CARRAHER, David. *et al. Na vida dez, na escola zero*. São Paulo: Cortez, 1988.

CARVALHO, Dione Lucchesi de. *A interação entre o conhecimento matemático da prática e o escolar*. 1995. Tese (Doutorado em Educação) – Universidade Estadual de Campinas, 1995.

CASTILHO, Ataliba T. Para o estudo das unidades discursivas no Português Falado. In.: CASTILHO, Ataliba T. (Org.). *Português Culto Falado no Brasil*. Campinas: Editora da UNICAMP, 1989, p. 249-280.

CHAUÍ, Marilena. Ideologia e educação. *Educação e sociedade*. São Paulo, v. 2, n. 5, jan. 1980, p. 24-40.

CHAUÍ, Marilena. *O que é ideologia*. 2. ed. São Paulo: Brasiliense, 1981.

COSTA VAL, Maria da Graça F. *Entre a oralidade e a escrita*: o desenvolvimento da representação de discurso narrativo escrito em crianças em fase de alfabetização. 1996. Tese (Doutorado em Educação) – Universidade Federal de Minas Gerais, Belo Horizonte, 1996.

COURTENAY, B. C. Are psychological models of adult development still important for the practice of adult education? *Adult Education Quarterly*, v. 44, n. 3, 1994, p. 145-153.

D'AMBROSIO, Ubiratan. *Socio-cultural bases for mathematics education*. Campinas, SP: UNICAMP, 1985a.

D'AMBROSIO, Ubiratan. *Valores como determinantes do currículo matemático: uma visão externalista da didática da Matemática*. In: CONGRESSO IBERO-AMERICANO DE EDUCAÇÃO MATEMÁTICA, 6, 1985b, Guadalajara (México). (mimeo)

D'AMBROSIO, Ubiratan. Etnomathematics and its place in the history and pedagogy of Mathematics. *For the Learning of Mathematics*. n. 5, 1985c, p. 44-48.

D'AMBROSIO, Ubiratan. *Ethnomathematics*. São Paulo: Ática, 1990.

D'AMBROSIO, Ubiratan. Etnomatemática: um programa. *A Educação Matemática Em Revista*, Blumenau, v. 1, n. 1, 1993, p. 5-11.

D'AMBROSIO, Ubiratan. *Etnomatemática*: elo entre as tradições e a modernidade. Belo Horizonte: Autêntica, 2001.

DAVID, Maria Manuela M. S. As possibilidades de inovação no ensino-aprendizagem da matemática elementar. *Presença Pedagógica*, Belo Horizonte, n. 1, v. 1, jan./fev. 1995, p. 57-66.

DAVID, Maria Manuela M. S.; LOPES, Maria da Penha. Falar sobre Matemática é tão importante quanto fazer Matemática. *Presença Pedagógica*, Belo Horizonte, n. 32, v. 6, mar./abr. 2000, p. 16-24.

DAVIS, Philip; HERSH, Reuben. *A experiência matemática*. Tradução de João Bosco Pitombeira. Rio de Janeiro: Francisco Alves, 1985.

DOUGLAS, Mary. *How institutions think*. Londres: Routledge & Kegan Paul, 1986.

DUARTE, Newton. *O ensino de Matemática na educação de adultos*. São Paulo: Cortez: Autores Associados, 1986.

DUCROT, Oswald. *O dizer e o dito*. Campinas: Pontes, (1983) 1988.

EDWARDS, Derek; MERCER, Neil M. *Common Knowledge*: the development of Understanding in the Classroom. Londres: Methuen, 1987.

FARIA, Juliana Batista. *Relações entre práticas de numeramento mobilizadas e em constituição nas interações entre os sujeitos da educação de jovens e adultos*. 2007. 330 f. Dissertação (Mestrado em Educação) – Universidade Federal de Minas Gerais, Faculdade de Educação, Belo Horizonte, 2007.

FERREIRA, Ana Rafaela. *Práticas de numeramento, conhecimentos cotidianos e escolares em uma turma de ensino médio da educação de pessoas jovens e adultas*. 2009. 256f. Dissertação (Mestrado em Educação) – Universidade Federal de Minas Gerais, Faculdade de Educação, Belo Horizonte, 2009.

FONSECA, Maria C. F. R. *O evocativo na matemática*: uma possibilidade educativa. 1991, 206f. Dissertação (Mestrado em Educação Matemática) – Universidade Estadual Paulista: Júlio de Mesquita Filho, IGCE, Rio Claro, 1991.

FONSECA, Maria C. F. R. Por que ensinar Matemática. *Presença Pedagógica*, Belo Horizonte, v. 1, n. 6, mar./abr. 1995a, p. 46-54.

FONSECA, Maria C. F. R. *Jornada de reflexão e capacitação sobre matemática na educação básica de jovens e adultos* – Alguns pontos para aprofundamento, algumas indicações para a ação – Ministério da Educação e do Desporto – Secretaria de Educação Fundamental – Departamento de Políticas Educacionais – Coordenação Geral do Magistério e da Educação de Jovens e Adultos. Brasília, nov. 1995b, p. 1-28. (Relatório).

FONSECA, Maria C. F. R. *Notas pessoais de acompanhamento dos estagiários da disciplina Prática de Ensino de Matemática*. Belo Horizonte: Departamento de Métodos e Técnicas de Ensino da Faculdade de Educação da UFMG, 1995c. (Não publicadas).

FONSECA, Maria C. F. R. *et al. Projeto Político-Pedagógico para as Escolas de Suplência – 5ª a 8ª séries da Rede Municipal de Betim* – Documento preliminar. SECRETARIA MUNICIPAL DE EDUCAÇÃO DE BETIM. Betim, ago. 1996. (Relatório).

FONSECA, Maria C. F. R. A inserção da Educação Matemática no processo de escolarização básica de pessoas jovens e adultas. In: ENCONTRO NACIONAL DE EDUCAÇÃO MATEMÁTICA, 6, 1998, São Leopoldo. *Anais do VI Encontro Nacional de Educação Matemática*. v. 1, p. 79-82. São Leopoldo: Sociedade Brasileira de Educação Matemática/ Universidade do Vale do Rio dos Sinos, 1998, 440p.

FONSECA, Maria C. F. R. Os limites do sentido no ensino da Matemática. *Educação e Pesquisa*: Revista da Faculdade de Educação da USP. São Paulo, v. 25, n. 1, jan./ jun. 1999a, p. 147-162.

FONSECA, Maria C. F. R. *Algumas reflexões sobre as reminiscências da Matemática escolar de alunos jovens adultos que retornam à escola fundamental*. In: REUNIÃO ANUAL DA ASSOCIAÇÃO PÓS-GRADUAÇÃO E PESQUISA EM EDUCAÇÃO, 22, 1999, Caxambu. CD-ROM... São Paulo: ANPEd, 1999b, p. 1-5. (Publicação eletrônica).

Referências

FONSECA, Maria C. F. R. O ensino de Matemática e a Educação Básica de Jovens e Adultos. *Presença Pedagógica*, Belo Horizonte, v. 5, n. 27, maio/jun. 1999c, p. 28-37.

FONSECA, Maria C. F. R. Concepções de Matemática: para maiores informações vide bula. *Presença Pedagógica*, Belo Horizonte, v. 6, n. 36, nov./dez. 2000, p. 30-39.

FONSECA, Maria C. F. R. *Discurso, memória e inclusão*: reminiscências da Matemática Escolar de alunos adultos do Ensino Fundamental. 2001. Tese (Doutorado em Educação) – Universidade Estadual de Campinas, Faculdade de Educação, Campinas, 2001.

FREGE, Gottlob. Sobre o sentido e a referência. In: *Lógica e Filosofia da Linguagem*. São Paulo: Cultrix: Edusp, (1892) 1978.

FREIRE, Paulo. *Pedagogia do Oprimido*. Rio de Janeiro: Paz e Terra, 1970.

FREIRE, Paulo. *Educação como prática da liberdade*. Rio de Janeiro: Paz e Terra, (1967) 1989.

FREUDENTHAL, Hans. *Mathematics as an educational task*. Dordrecht: D. Reidel Publishing Company, 1973.

GADOTTI, Moacir. *Paulo Freire*: uma biobibliografia. São Paulo: Cortez: Instituto Paulo Freire. Brasília: UNESCO, 1996.

GAZZETTA, Marineuza. *A modelagem como estratégia de aprendizagem da Matemática em cursos de aperfeiçoamento de professores*. 1989. Dissertação (Mestrado em Educação Matemática) – Universidade Estadual Paulista, Rio Claro, 1989.

GERALDI, J. Wanderley. Discurso e sujeito. In: *Linguagem e Ensino*: exercícios de militância e divulgação. Campinas: Mercado das Letras – ALB, 1996.

GRICE, Herbert Paul. Meaning. In: STEINBERG, D. D.; JAKOBOVITS, L. A. (Eds.). *Semantics*. Cambridge: University Press, (1957)1974.

GRICE, Herbert Paul. Logic and conversation. In: COLE, P.; MORGAN, J. L. (Eds.). *Syntactics and semantics*. New York: Academic Press, v. 3, (1967) 1975.

GROSSI, Flávia. C. D. P. *"Mas eles tinha que pôr tudo aí, ó! Isso tá errado, uai... Seis... Eu vou mandar uma carta prá lá que ele não tá falando direito, não!"*: mulheres em processo de envelhecimento, alfabetizandas na EJA, apropriando-se de práticas de numeramento escolares. 2021. 305f. Tese (Doutorado em Educação) – Universidade Federal de Minas Gerais, Faculdade de Educação, Belo Horizonte, 2021.

GUALBERTO, Neila M; RIBEIRO, Érika da C. Projeto de Ensino Fundamental de jovens e adultos: uma experiência em ensino de Geometria. In: ENCONTRO NACIONAL DE EDUCAÇÃO MATEMÁTICA, 6, 1998, São Leopoldo. *Anais...* v. 2. São Leopoldo: Universidade do Vale do Rio dos Sinos, 1998, p. 331-332.

GUIMARÃES, Eduardo. *Os limites do sentido*: um estudo histórico e enunciativo da linguagem. Campinas, São Paulo: Pontes, 1995.

HADDAD, Sérgio. Tendências atuais na Educação de Jovens e adultos no Brasil. In: ENCONTRO LATINO-AMERICANO SOBRE EDUCAÇÃO DE JOVENS E

ADULTOS TRABALHADORES. Olinda, 1993. *Anais do Encontro Latino-Americano sobre Educação de Jovens e Adultos Trabalhadores*. p. 86-108. Brasília: Instituto Nacional de Estudos e Pesquisas Educacionais, 1994, 381p.

HALBWACHS, Maurice. *A memória coletiva*. São Paulo: Vértice, 1990.

HORTA, Leonardo Telles. *Por que jovens e adultos retornam à escola?* (Monografia). Universidade Federal de Minas Gerais, Faculdade de Educação, Belo Horizonte, 1999.

KNIJNIK, Gelsa. *Exclusão e resistência*: Educação Matemática e legitimidade cultural. Porto Alegre: Artes Médicas, 1996.

KNIJNIK, Gelsa. Diversidade cultural e Educação Matemática: a contribuição da etnomatemática. In: ENCONTRO NACIONAL DE EDUCAÇÃO MATEMÁTICA, 6, 1998, São Leopoldo. *Anais do VI Encontro Nacional de Educação Matemática*, v.1, p. 99-100. São Leopoldo: Sociedade Brasileira de Educação Matemática/ Universidade do Vale do Rio dos Sinos, 1998, 440p.

KNIJNIK, Gelsa. Educação Matemática Básica e Diversidade Cultural. In: CHASSOT, Attico; OSOWSKI, Cecília; STRECK, Danilo (Orgs.). *Educação Básica e o Básico na Educação*. Porto Alegre: Sulina, 2000. p. 1-10.

KNIJNIK, Gelsa. Currículo, etnomatemática e educação popular: um estudo em um assentamento do Movimento Sem Terra. *Currículo Sem Fronteiras*, [S. L.], v. 3, n. 1, p. 96-110, 2003.

KNIJNIK, Gelsa. Educação Matemática e Cultura. *In*: FONSECA, Maria C. F. R. (Org.). *Letramento no Brasil:* habilidades matemáticas. São Paulo: Global Editora, 2004. p. 213-224.

KNIJNIK, Gelsa. Educação Matemática e Diferença Cultural: o desafio de virar ao avesso saberes matemáticos e pedagógicos. In: SILVA, Aida Maria Monteiro *et al.* (Org.). *Novas subjetividades, currículo, docência e questões pedagógicas na perspectiva da inclusão social*. Recife: ENDIPE, 2006. p. 13-2.

LE GOFF, Jacques. *História e memória*. Campinas: Editora da Unicamp, 1996.

LIMA, Cibelle L. F. *Estudantes da EJA e materiais didáticos no ensino de matemática*. 2012. 139 f. Dissertação (Mestrado) – Universidade Federal de Minas Gerais, Faculdade em Educação, Belo Horizonte, 2012.

LIMA, Luciano F. *Conversas sobre Matemática com pessoas idosas viabilizadas por uma ação de Extensão Universitária*. 2015. 185 f. Tese (Doutorado) – Universidade Estadual Paulista Júlio de Mesquita Filho/Rio Claro, Rio Claro, 2015.

LIMA, N. C. *Aritmética na feira:* o saber popular e o saber da escola. Recife: Universidade Federal de Pernambuco, 1985. (Dissertação, Mestrado em Psicologia).

LIMA, Priscila C. *Constituição de Práticas de Numeramento em Eventos de Tratamento da Informação na Educação de Jovens e Adultos*. 2007. 114 f. Dissertação (Mestrado em Educação) – Universidade Federal de Minas Gerais, Faculdade de Educação, 2007.

Referências

MACHADO, Nílson José. *Matemática e realidade*. São Paulo: Cortez: Autores Associados, 1987.

MARTINS, Maria Lúcia. *A lição da Samaúma*: formação de professores da floresta: didática e educação matemática: do saber à construção do conhecimento. Rio Branco: Poronga, 1994.

MIDDLETON, David; EDWARDS, Derek (Orgs.). *Memoria compartida*: la naturaleza social del recuerdo y del olvido. Barcelona: Paidós, 1990.

MIRANDA, Paula R. *"O PROEJA vai fazer falta"*: uma análise de diferentes projetos educativos a partir dos discursos de estudantes nas aulas de Matemática. 2015. 267 f. Tese (Doutorado em Educação) – Universidade Federal de Minas Gerais, Faculdade de Educação, Belo Horizonte, 2015.

MONTEIRO, Alexandrina. *O ensino de matemática para adultos através do método da modelagem matemática*. 1991. Dissertação (Mestrado em Educação Matemática) – Universidade Estadual Paulista: Júlio de Mesquita Filho, IGCE, Rio Claro, 1991.

MST – MOVIMENTO DOS TRABALHADORES RURAIS SEM TERRA. *Alfabetização de jovens e adultos*: Educação Matemática. São Paulo: MST, 1994, 45p. Caderno de Educação, n. 5.

NEVES, Iara C. B. *et al. Ler e escrever*: compromisso de todas as áreas. Porto Alegre: Ed.Universidade/UFRGS, 2000.

OLIVEIRA, Marta Kohl de. Jovens e adultos como sujeitos de conhecimento e aprendizagem. *Revista Brasileira de Educação*. São Paulo: ANPEd – Associação Nacional de Pesquisa e Pós-Graduação em Educação, n. 12, 1999, p. 59-73.

ORLANDI, Eni P. *As formas do silêncio*. Campinas, São Paulo: Editora da Unicamp, 1992.

PAIS, Luiz Carlos. *Didática da matemática*: uma análise da influência francesa. Belo Horizonte: Autêntica, 2001.

PAIVA, Vanilda. Anos 90: as novas tarefas da Educação dos Adultos na América Latina. In: ENCONTRO LATINO-AMERICANO SOBRE EDUCAÇÃO DE JOVENS E ADULTOS TRABALHADORES, 1993, Olinda. *Anais do Encontro Latino-Americano sobre Educação de jovens e Adultos Trabalhadores*. p. 21-40. Brasília: Instituto Nacional de estudos e Pesquisas Educacionais, 1994, 381pp.

PALACIOS, Jesus. O desenvolvimento após a adolescência. In: COLL, C.; PALACIOS, J.; MARCHESI, A. (Orgs.). *Desenvolvimento psicológico e educação*: psicologia evolutiva. Porto Alegre: Artes Médicas, v. 1, 1995. (Tradução de Marcos Domingues).

PARRA, Cecília; SAIZ, Irma (Orgs.). *Didática da Matemática*: reflexões psicopedagógicas. Trad. Juan Acuña Llorens. Porto Alegre: Artes Médicas, 1996.

PEREIRA, Júlio Emílio Diniz. *et al. "Os que ensinam aprendem"*: a construção de elementos de uma identidade profissional docente a partir de uma experiência de formação inicial de educadores/as de pessoas jovens e adultas. In: ENCONTRO NACIONAL DE DIDÁTICA E PRÁTICA DE ENSINO, 10, 2000, Rio de Janeiro, CD-ROM. p. 1-12. Rio de Janeiro: UERJ, 2000. (Publicação eletrônica).

RIBEIRO, Vera M. Masagão (Coord.). *Educação de Jovens e Adultos*: proposta curricular para o 1º segmento do ensino fundamental. São Paulo: Ação Educativa; Brasília: MEC, 1997.

ROGOFF, Barbara; LAVE, Jean. (Eds.). *Everyday cognition*: Its development in social context. Cambridge, MA: Harvard University Press, 1984.

SAUSSURE, Ferdinand. *Curso de Linguística geral*. São Paulo: Cultrix, (1916) 1970.

SCHLIEMANN, Analúcia D.; CARRAHER, David W.; CECI, Stephen J. Everyday cognition. In: BERRY, J., DASEN, P.; SARASWATHI, T. S. (Orgs.). *Handbook of cross-cultural psychology*, v. 2: Basic processes and human development. Boston: Allyn and Bacon, 1980, p. 177-216.

SCHNEIDER, Sônia Maria. *Esse é o meu lugar... Esse não é o meu lugar*: relações geracionais e práticas de numeramento na escola de EJA. 2010. 211f. Tese (Doutorado em Educação) – Universidade Federal de Minas Gerais, Faculdade de Educação, Belo Horizonte, 2010.

SILVA, Valdenice Leitão. *Práticas de numeramento e táticas de resistência de estudantes camponeses de EJA, trabalhadores na indústria de confecção*. 2013. 223f. Tese (Doutorado em Educação) – Universidade Federal de Minas Gerais, Faculdade de Educação, Belo Horizonte, 2013.

SILVA, Jonson Ney D. Tecnologias Digitais na Educação Matemática com Jovens e Adultos: um olhar para o CIEJA/Campo Limpo. 2020. Tese (Doutorado em Educação Matemática) – Universidade Estadual Paulista "Júlio de Mesquita Filho", Instituto de Geociências e Ciências Exatas, Rio Claro, 2020.

SIMÕES, Fernanda Maurício. *Apropriação de práticas de letramento (e de numeramento) escolares por estudantes da EJA*. 2010. 172f. Dissertação (Mestrado em Educação) – Universidade Federal de Minas Gerais, Faculdade de Educação, Belo Horizonte, 2010.

SIMÕES, Fernanda Maurício. *"Já li. Reli, reli, reli, reli de novo"*: apropriação de práticas de leitura e de escrita de textos matemáticos por estudantes da Educação de Pessoas Jovens e Adultas (EJA). 2019. 176 f. Tese (Doutorado em Educação) – Universidade Federal de Minas Gerais, Faculdade de Educação, Belo Horizonte, 2019.

SMOLKA, Ana L. B. Linguagem e conhecimento na sala de aula: modos de inscrição das práticas cotidianas na memória coletiva e individual. In: ENCONTRO SOBRE TEORIA E PESQUISA EM ENSINO DE CIÊNCIAS: LINGUAGEM, CULTURA E COGNIÇÃO: REFLEXÕES PARA O ENSINO DE CI NCIAS, 1, 1997, Belo Horizonte. *Anais...* Belo Horizonte: Cecimig, UFMG, 1997, p. 69-85.

SMOLKA, Ana Luísa B.; GOES, Maria Cecília R.; PINO, Angel. The constitution of the subject: a persistent question. In: WERTSCH, J. (Ed.). *Sociocultural studies of the Mind*. Cambridge: Cambridge University Press (1995).

SOARES, Magda. *Linguagem e escola*: uma perspectiva social. São Paulo: Ática, 1986.

SOARES, Magda. *Metamemória-memórias*: travessia de uma educadora. São Paulo: Cortez, 1991.

Referências

SOARES, Magda. *Letramento*: um tema em três gêneros. Belo Horizonte: Autêntica, 1998.

SOTO, Isabel. Aportes do enfoque fenomenológico das didáticas no ensino da matemática de jovens e adultos. In: JORNADA DE REFLEXÃO E CAPACITAÇÃO SOBRE MATEMÁTICA NA EDUCAÇÃO BÁSICA DE JOVENS E ADULTOS, 1, 1995, Rio de Janeiro. *Anais...* Brasília: MEC/UNESCO/OREALC, 1997.

SOUZA, Angela Maria Calazans. *Educação matemática na educação de adultos e adolescentes segundo a proposta pedagógica de Paulo Freire.* 1988. Dissertação (Mestrado em Educação) – Universidade Federal do Espírito Santo, Faculdade de Educação, Vitória, 1988.

SOUZA, Maria Celeste Reis Fernandes. *Gênero e Matemática(s) – jogos de verdade nas práticas de numeramento de alunas e aluno da Educação de Pessoas Jovens e Adultas.* 2008. 317 f. Tese (Doutorado em Educação) – Universidade Federal de Minas Gerais, Faculdade de Educação, Belo Horizonte, 2008.

TEIXEIRA, Mário Tourasse. *Notas de aula.* Disciplina: Idéias essenciais da Matemática. Rio Claro: IGCE/UNESP, 1º semestre, 1986. (Mestrado em Educação Matemática) (Não publicadas).

VAN DIJK, Teun A. Modelos na memória: o papel das representações da situação no processamento do discurso. In KOSH, Ingedore (Org.). *Cognição, discurso e interação.* São Paulo: Contexto, 1992, p. 158-181.

VASCONCELOS, Kyrleys Pereira. *Um estudo sobre práticas de numeramento na educação do campo*: tensões entre os universos do campo e da cidade na educação de Jovens e Adultos. 2011. 125 f. Dissertação (Mestrado) – Universidade Federal de Minas Gerais, Faculdade de Educação, Belo Horizonte, 2011.

VYGOTSKY, Lev Semenovich. *Pensamento e linguagem.* São Paulo: Martins Fontes, 1993.

VYGOTSKY, Lev Semenovich. *A formação social da mente*: o desenvolvimento dos processos psicológicos superiores. São Paulo: Martins Fontes, 1998.

VÓVIO, Claudia L. (Coord.). *Coleção Viver, Aprender.* São Paulo: Ação Educativa; Brasília: MEC, 1998.

VÓVIO, Claudia L. Duas modalidades de pensamento: pensamento narrativo e pensamento lógico-científico. In: OLIVEIRA, Marcos B.; OLIVEIRA, Marta Kohl de (Orgs.). *Investigações cognitivas:* conceitos, linguagem e cultura. Porto Alegre: Artmed, 1999, p. 115-142.

WANDERER, Fernanda. *Educação de Jovens e adultos e produtos da Mídia: possibilidades de um processo pedagógico etnomatemático.* In: REUNIÃO ANUAL DA ANPED, 24, 2001, Caxambu (MG). CD-ROM da 24º Reunião Anual da Associação Nacional de Pós-Graduação e Pesquisa em Educação, p. 1-15. Rio de Janeiro, ANPEd, 2001. (Publicação eletrônica).

WERTSCH, James V. *Vygotsky y la formación social de la mente.* Barcelona: Paidós, 1988.

Outros títulos da coleção
Tendências em Educação Matemática

Afeto em competições matemáticas inclusivas – A relação dos jovens e suas famílias com a resolução de problemas
Autoras: *Nélia Amado, Susana Carreira e Rosa Tomás Ferreira*

As dimensões afetivas constituem variáveis cada vez mais decisivas para alterar e tentar abolir a imagem fria, pouco entusiasmante e mesmo intimidante da Matemática aos olhos de muitos jovens e adultos. Sabe-se atualmente, de forma cabal, que os afetos (emoções, sentimentos, atitudes, percepções...) desempenham um papel central na aprendizagem da Matemática, designadamente na atividade de resolução de problemas. Na sequência do seu envolvimento em competições matemáticas inclusivas baseadas na internet, Nélia Amado, Susana Carreira e Rosa Tomás Ferreira debruçam-se sobre inúmeros dados e testemunhos que foram reunindo, através de questionários, entrevistas e conversas informais com alunos e pais, para caracterizar as dimensões afetivas presentes na participação de jovens alunos (dos 10 aos 14 anos) nos campeonatos de resolução de problemas SUB12 e SUB14. Neste livro, o leitor é convidado a percorrer várias das dimensões afetivas envolvidas na resolução de problemas desafiantes. A compreensão dessas dimensões ajudará a melhorar a relação das crianças e dos adultos com a Matemática e a formular uma imagem da Matemática mais humanizada, desafiante e emotiva.

Álgebra para a formação do professor – Explorando os conceitos de equação e de função
Autores: *Alessandro Jacques Ribeiro e Helena Noronha Cury*

Neste livro, Alessandro Jacques Ribeiro e Helena Noronha Cury apresentam uma visão geral sobre os conceitos de equação e de função, explorando o tópico com vistas à formação do professor de Matemática. Os autores trazem aspectos históricos da constituição desses conceitos ao longo da História da Matemática e discutem os diferentes significados que até hoje perpassam as produções sobre esses tópicos. Com vistas à formação inicial ou continuada de professores de Matemática, Alessandro e Helena enfocam, ainda, alguns documentos oficiais que abordam o ensino de equações e de funções, bem como exemplos de problemas encontrados em livros didáticos. Também apresentam sugestões de atividades para a sala de aula de Matemática, abordando os conceitos de equação e de função, com o propósito de oferecer aos colegas, professores de Matemática de qualquer nível de ensino, possibilidades de refletir sobre os pressupostos teóricos que embasam o texto e produzir novas ações que contribuam para uma melhor compreensão desses conceitos, fundamentais para toda a aprendizagem matemática.

A matemática nos anos iniciais do ensino fundamental – Tecendo fios do ensinar e do aprender

Autoras: *Adair Mendes Nacarato, Brenda Leme da Silva Mengali e Cármen Lúcia Brancaglion Passos*

Neste livro, as autoras discutem o ensino de Matemática nas séries iniciais do ensino fundamental num movimento entre o aprender e o ensinar. Consideram que essa discussão não pode ser dissociada de uma mais ampla, que diz respeito à formação das professoras polivalentes – aquelas que têm uma formação mais generalista em cursos de nível médio (Habilitação ao Magistério) ou em cursos superiores (Normal Superior e Pedagogia). Nesse sentido, elas analisam como têm sido as reformas curriculares desses cursos e apresentam perspectivas para formadores e pesquisadores no campo da formação docente. O foco central da obra está nas situações matemáticas desenvolvidas em salas de aula dos anos iniciais. A partir dessas situações, as autoras discutem suas concepções sobre o ensino de Matemática a alunos dessa escolaridade, o ambiente de aprendizagem a ser criado em sala de aula, as interações que ocorrem nesse ambiente e a relação dialógica entre alunos-alunos e professora-alunos que possibilita a produção e a negociação de significado.

Análise de erros – O que podemos aprender com as respostas dos alunos

Autora: *Helena Noronha Cury*

Neste livro, Helena Noronha Cury apresenta uma visão geral sobre a análise de erros, fazendo um retrospecto das primeiras pesquisas na área e indicando teóricos que subsidiam investigações sobre erros. A autora defende a ideia de que a análise de erros é uma abordagem de pesquisa e também uma metodologia de ensino, se for empregada em sala de aula com o objetivo de levar os alunos a questionarem suas próprias soluções.

O levantamento de trabalhos sobre erros desenvolvidos no país e no exterior, apresentado na obra, poderá ser usado pelos leitores segundo seus interesses de pesquisa ou ensino. A autora apresenta sugestões de uso dos erros em sala de aula, discutindo exemplos já trabalhados por outros investigadores. Nas conclusões, a pesquisadora sugere que discussões sobre os erros dos alunos venham a ser contempladas em disciplinas de cursos de formação de professores, já que podem gerar reflexões sobre o próprio processo de aprendizagem.

Aprendizagem em Geometria na educação básica – A fotografia e a escrita na sala de aula
Autores: *Cleane Aparecida dos Santos e Adair Mendes Nacarato*
Muitas pesquisas têm sido produzidas no campo da Educação Matemática sobre o ensino de Geometria. No entanto, o professor, quando deseja implementar atividades diferenciadas com seus alunos, depara-se com a escassez de materiais publicados. As autoras, diante dessa constatação, constroem, desenvolvem e analisam uma proposta alternativa para explorar os conceitos geométricos, aliando o uso de imagens fotográficas às produções escritas dos alunos. As autoras almejam que o compartilhamento da experiência vivida possa contribuir tanto para o campo da pesquisa quanto para as práticas pedagógicas dos professores que ensinam Matemática nos anos iniciais do ensino fundamental.

Brincar e jogar – Enlaces teóricos e metodológicos no campo da Educação Matemática
Autor: *Cristiano Alberto Muniz*
Neste livro, o autor apresenta a complexa relação jogo/ brincadeira e a aprendizagem matemática. Além de discutir as diferentes perspectivas da relação jogo e Educação Matemática, ele favorece uma reflexão do quanto o conceito de Matemática implica a produção da concepção de jogos para a aprendizagem, assim como o delineamento conceitual do jogo nos propicia visualizar novas possibilidades de utilização dos jogos na Educação Matemática. Entrelaçando diferentes perspectivas teóricas e metodológicas sobre o jogo, ele apresenta análises sobre produções matemáticas realizadas por crianças em processo de escolarização em jogos ditos espontâneos, fazendo um contraponto às expectativas do educador em relação às suas potencialidades para a aprendizagem matemática. Ao trazer reflexões teóricas sobre o jogo na Educação Matemática e revelar o jogo efetivo das crianças em processo de produção matemática, a obra tanto apresenta subsídios para o desenvolvimento da investigação científica quanto para a práxis pedagógica por meio do jogo na sala de aula de Matemática.

Da etnomatemática a arte-design e matrizes cíclicas
Autor: *Paulus Gerdes*

Neste livro, o leitor encontra uma cuidadosa discussão e diversos exemplos de como a Matemática se relaciona com outras atividades humanas. Para o leitor que ainda não conhece o trabalho de Paulus Gerdes, esta publicação sintetiza uma parte considerável da obra desenvolvida pelo autor ao longo dos últimos 30 anos. E para quem já conhece as pesquisas de Paulus, aqui são abordados novos tópicos, em especial as matrizes cíclicas, ideia que supera não só a noção de que a Matemática é independente de contexto e deve ser pensada como o símbolo da pureza, mas também quebra, dentro da própria Matemática, barreiras entre áreas que muitas vezes são vistas de modo estanque em disciplinas da graduação em Matemática ou do ensino médio.

Descobrindo a Geometria Fractal – Para a sala de aula
Autor: *Ruy Madsen Barbosa*

Neste livro, Ruy Madsen Barbosa apresenta um estudo dos belos fractais voltado para seu uso em sala de aula, buscando a sua introdução na Educação Matemática brasileira, fazendo bastante apelo ao visual artístico, sem prejuízo da precisão e rigor matemático. Para alcançar esse objetivo, o autor incluiu capítulos específicos, como os de criação e de exploração de fractais, de manipulação de material concreto, de relacionamento com o triângulo de Pascal, e particularmente um com recursos computacionais com *softwares* educacionais em uso no Brasil. A inserção de dados e comentários históricos tornam o texto de interessante leitura. Anexo ao livro é fornecido o CD-Nfract, de Francesco Artur Perrotti, para construção dos lindos fractais de Mandelbrot e Julia.

Diálogo e aprendizagem em Educação Matemática
Autores: *Helle Alrø e Ole Skovsmose*

Neste livro, os educadores matemáticos dinamarqueses Helle Alrø e Ole Skovsmose relacionam a qualidade do diálogo em sala de aula com a aprendizagem. Apoiados em ideias de Paulo Freire, Carl Rogers e da Educação Matemática Crítica, esses autores trazem exemplos da sala de aula para substanciar os modelos que propõem acerca das diferentes formas de comunicação na sala de aula. Este livro é mais um passo em direção à internacionalização desta coleção. Este é o terceiro título da coleção no qual autores de destaque do exterior juntam-se aos autores nacionais para debaterem as diversas tendências em Educação Matemática. Skovsmose participa ativamente da comunidade brasileira, ministrando disciplinas, participando de conferências e interagindo com estudantes e docentes do Programa de Pós-Graduação em Educação Matemática da Unesp, em Rio Claro.

Outros títulos da coleção

Didática da Matemática – Uma análise da influência francesa
Autor: *Luiz Carlos Pais*

Neste livro, Luiz Carlos Pais apresenta aos leitores conceitos fundamentais de uma tendência que ficou conhecida como "Didática Francesa". Educadores matemáticos franceses, na sua maioria, desenvolveram um modo próprio de ver a educação centrada na questão do ensino da Matemática. Vários educadores matemáticos do Brasil adotaram alguma versão dessa tendência ao trabalharem com concepções dos alunos, com formação de professores, entre outros temas. O autor é um dos maiores especialistas no país nessa tendência, e o leitor verá isso ao se familiarizar com conceitos como transposição didática, contrato didático, obstáculos epistemológicos e engenharia didática, dentre outros.

Educação a Distância online
Autores: *Marcelo de Carvalho Borba, Ana Paula dos Santos Malheiros e Rúbia Barcelos Amaral*

Neste livro, os autores apresentam resultados de mais de oito anos de experiência e pesquisas em Educação a Distância *online* (EaDonline), com exemplos de cursos ministrados para professores de Matemática. Além de cursos, outras práticas pedagógicas, como comunidades virtuais de aprendizagem e o desenvolvimento de projetos de modelagem realizados a distância, são descritas. Ainda que os três autores deste livro sejam da área de Educação Matemática, algumas das discussões nele apresentadas, como formação de professores, o papel docente em EaDonline, além de questões de metodologia de pesquisa qualitativa, podem ser adaptadas a outras áreas do conhecimento. Neste sentido, esta obra se dirige àquele que ainda não está familiarizado com a EaDonline e também àquele que busca refletir de forma mais intensa sobre sua prática nesta modalidade educacional. Cabe destacar que os três autores têm ministrado aulas em ambientes virtuais de aprendizagem.

Educação Estatística – Teoria e prática em ambientes de modelagem matemática
Autores: *Celso Ribeiro Campos, Maria Lúcia Lorenzetti Wodewotzki e Otávio Roberto Jacobini*

Este livro traz ao leitor um estudo minucioso sobre a Educação Estatística e oferece elementos fundamentais para o ensino e a aprendizagem em sala de aula dessa disciplina, que vem se difundindo e já integra a grade curricular dos ensinos fundamental e médio. Os autores apresentam aqui o que apontam as pesquisas desse campo, além de fomentarem discussões acerca das teorias e práticas em interface com a modelagem matemática e a educação crítica.

Etnomatemática – Elo entre as tradições e a modernidade
Autor: *Ubiratan D'Ambrosio*

Neste livro, Ubiratan D'Ambrosio apresenta seus mais recentes pensamentos sobre Etnomatemática, uma tendência da qual é um dos fundadores. Ele propicia ao leitor uma análise do papel da Matemática na cultura ocidental e da noção de que Matemática é apenas uma forma de Etnomatemática. O autor discute como a análise desenvolvida é relevante para a sala de aula. Faz ainda um arrazoado de diversos trabalhos na área já desenvolvidos no país e no exterior.

Etnomatemática em movimento
Autoras: *Gelsa Knijnik, Fernanda Wanderer, Ieda Maria Giongo e Claudia Glavam Duarte*

Integrante da coleção Tendências em Educação Matemática, este livro traz ao público um minucioso estudo sobre os rumos da Etnomatemática, cuja referência principal é o brasileiro Ubiratan D'Ambrosio. As ideias aqui discutidas tomam como base o desenvolvimento dos estudos etnomatemáticos e a forma como o movimento de continuidades e deslocamentos tem marcado esses trabalhos, centralmente ocupados em questionar a política do conhecimento dominante. As autoras refletem aqui sobre as discussões atuais em torno das pesquisas etnomatemáticas e o percurso tomado sobre essa vertente da Educação Matemática, desde seu surgimento, nos anos 1970, até os dias atuais.

Fases das tecnologias digitais em Educação Matemática – Sala de aula e internet em movimento
Autores: *Marcelo de Carvalho Borba, Ricardo Scucuglia Rodrigues da Silva e George Gadanidis*

Com base em suas experiências enquanto docentes e pesquisadores, associadas a uma análise acerca das principais pesquisas desenvolvidas no Brasil sobre o uso de tecnologias digitais no ensino e aprendizagem de Matemática, os autores apresentam uma perspectiva fundamentada em quatro fases. Inicialmente, os leitores encontram uma descrição sobre cada uma dessas fases, o que inclui a apresentação de visões teóricas e exemplos de atividades matemáticas características em cada momento. Baseados na "perspectiva das quatro fases", os autores discutem questões sobre o atual momento (quarta fase). Especificamente, eles exploram o uso do *software* GeoGebra no estudo do conceito de derivada, a utilização da internet em sala de aula e a noção denominada performance matemática digital, que envolve as artes.

Este livro, além de sintetizar de forma retrospectiva e original uma visão sobre o uso de tecnologias em Educação Matemática, resgata e compila de maneira exemplificada questões teóricas e propostas de atividades, apontando assim inquietações importantes sobre o presente e o futuro da sala de aula de Matemática. Portanto, esta obra traz assuntos potencialmente interessantes para professores e pesquisadores que atuam na Educação Matemática.

Filosofia da Educação Matemática
Autores: *Maria Aparecida Viggiani Bicudo e Antonio Vicente Marafioti Garnica*
Neste livro, Maria Bicudo e Antonio Vicente Garnica apresentam ao leitor suas ideias sobre Filosofia da Educação Matemática. Eles propiciam ao leitor a oportunidade de refletir sobre questões relativas à Filosofia da Matemática, à Filosofia da Educação e mostram as novas perguntas que definem essa tendência em Educação Matemática. Neste livro, em vez de ver a Educação Matemática sob a ótica da Psicologia ou da própria Matemática, os autores a veem sob a ótica da Filosofia da Educação Matemática.

Formação matemática do professor – Licenciatura e prática docente escolar
Autores: *Plinio Cavalcante Moreira e Maria Manuela M. S. David*
Neste livro, os autores levantam questões fundamentais para a formação do professor de Matemática. Que Matemática deve o professor de Matemática estudar? A acadêmica ou aquela que é ensinada na escola? A partir de perguntas como essas, os autores questionam essas opções dicotômicas e apontam um terceiro caminho a ser seguido. O livro apresenta diversos exemplos do modo como os conjuntos numéricos são trabalhados na escola e na academia. Finalmente, cabe lembrar que esta publicação inova ao integrar o livro com a internet. No site da editora www.autenticaeditora.com.br, procure por Educação Matemática e pelo título "A formação matemática do professor: licenciatura e prática docente escolar", onde o leitor pode encontrar alguns textos complementares ao livro e apresentar seus comentários, críticas e sugestões, estabelecendo, assim, um diálogo online com os autores.

História na Educação Matemática – Propostas e desafios
Autores: *Antonio Miguel e Maria Ângela Miorim*
Neste livro, os autores discutem diversos temas que interessam ao educador matemático. Eles abordam História da Matemática, História da Educação Matemática e como essas duas regiões de inquérito podem se relacionar com a Educação Matemática. O leitor irá notar que eles também apresentam uma visão sobre o que é História e abordam esse difícil tema de uma forma acessível ao leitor interessado no assunto. Este décimo volume da coleção certamente transformará a visão do leitor sobre o uso de História na Educação Matemática.

Informática e Educação Matemática
Autores: *Marcelo de Carvalho Borba e Miriam Godoy Penteado*

Os autores tratam de maneira inovadora e consciente da presença da informática na sala de aula quando do ensino de Matemática. Sem prender-se a clichês que entusiasmadamente apoiam o uso de computadores para o ensino de Matemática ou criticamente negam qualquer uso desse tipo, os autores citam exemplos práticos, fundamentados em explicações teóricas objetivas, de como se pode relacionar Matemática e informática em sala de aula. Tratam também de questões políticas relacionadas à adoção de computadores e calculadoras gráficas para o ensino de Matemática.

Interdisciplinaridade e aprendizagem da Matemática em sala de aula
Autores: *Vanessa Sena Tomaz e Maria Manuela M. S. David*

Como lidar com a interdisciplinaridade no ensino da Matemática? De que forma o professor pode criar um ambiente favorável que o ajude a perceber o que e como seus alunos aprendem? Essas são algumas das questões elucidadas pelas autoras neste livro, voltado não só para os envolvidos com Educação Matemática como também para os que se interessam por educação em geral. Isso porque um dos benefícios deste trabalho é a compreensão de que a Matemática está sendo chamada a engajar-se na crescente preocupação com a formação integral do aluno como cidadão, o que chama a atenção para a necessidade de tratar o ensino da disciplina levando-se em conta a complexidade do contexto social e a riqueza da visão interdisciplinar na relação entre ensino e aprendizagem, sem deixar de lado os desafios e as dificuldades dessa prática.

Para enriquecer a leitura, as autoras apresentam algumas situações ocorridas em sala de aula que mostram diferentes abordagens interdisciplinares dos conteúdos escolares e oferecem elementos para que os professores e os formadores de professores criem formas cada vez mais produtivas de se ensinar e inserir a compreensão matemática na vida do aluno.

Investigações matemáticas na sala de aula
Autores: *João Pedro da Ponte, Joana Brocardo e Hélia Oliveira*

Neste livro, os autores – todos portugueses – analisam como práticas de investigação desenvolvidas por matemáticos podem ser trazidas para a sala de aula. Eles mostram resultados de pesquisas ilustrando as vantagens e dificuldades de se trabalhar com tal perspectiva em Educação Matemática. Geração de conjecturas, reflexão e formalização do conhecimento são aspectos discutidos pelos autores ao analisarem os papéis de alunos e professores em sala de aula quando lidam com problemas em áreas como geometria, estatística e aritmética.

Outros títulos da coleção

Lógica e linguagem cotidiana – Verdade, coerência, comunicação, argumentação
Autores: *Nílson José Machado e Marisa Ortegoza da Cunha*

Neste livro, os autores buscam ligar as experiências vividas em nosso cotidiano a noções fundamentais tanto para a Lógica como para a Matemática. Através de uma linguagem acessível, o livro possui uma forte base filosófica que sustenta a apresentação sobre Lógica e certamente ajudará a coleção a ir além dos muros do que hoje é denominado Educação Matemática. A bibliografia comentada permitirá que o leitor procure outras obras para aprofundar os temas de seu interesse, e um índice remissivo, no final do livro, permitirá que o leitor ache facilmente explicações sobre vocábulos como contradição, dilema, falácia, proposição e sofisma. Embora este livro seja recomendado a estudantes de cursos de graduação e de especialização, em todas as áreas, ele também se destina a um público mais amplo. Visite também o site: www.rc.unesp.br/igce/pgem/gpimem.html.

Matemática e arte
Autor: *Dirceu Zaleski Filho*

Neste livro, Dirceu Zaleski Filho propõe reaproximar a Matemática e a arte no ensino. A partir de um estudo sobre a importância da relação entre essas áreas, o autor elabora aqui uma análise da contemporaneidade e oferece ao leitor uma revisão integrada da História da Matemática e da História da Arte, revelando o quão benéfica sua conciliação pode ser para o ensino. O autor sugere aqui novos caminhos para a Educação Matemática, mostrando como a Segunda Revolução Industrial – a eletroeletrônica, no século XXI – e a arte de Paul Cézanne, Pablo Picasso e, em especial, Piet Mondrian contribuíram para essa reaproximação, e como elas podem ser importantes para o ensino de Matemática em sala de aula.

Matemática e Arte é um livro imprescindível a todos os professores, alunos de graduação e de pós-graduação e, fundamentalmente, para professores da Educação Matemática.

Modelagem em Educação Matemática
Autores: *João Frederico da Costa de Azevedo Meyer, Ademir Donizeti Caldeira e Ana Paula dos Santos Malheiros*

A partir de pesquisas e da experiência adquirida em sala de aula, os autores deste livro oferecem aos leitores reflexões sobre aspectos da Modelagem e suas relações com a Educação Matemática. Esta obra mostra como essa disciplina pode funcionar como uma estratégia na qual o aluno ocupa lugar central na escolha de seu currículo.

Os autores também apresentam aqui a trajetória histórica da Modelagem e provocam discussões sobre suas relações, possibilidades e perspectivas em sala de aula, sobre diversos paradigmas educacionais e sobre a formação de professores. Para eles, a Modelagem deve ser datada, dinâmica, dialógica e diversa. A presente obra oferece um minucioso estudo sobre as bases teóricas e práticas da Modelagem e, sobretudo, a aproxima dos professores e alunos de Matemática.

O uso da calculadora nos anos iniciais do ensino fundamental
Autoras: *Ana Coelho Vieira Selva e Rute Elizabete de Souza Borba*

Neste livro, Ana Selva e Rute Borba abordam o uso da calculadora em sala de aula, desmistificando preconceitos e demonstrando a grande contribuição dessa ferramenta para o processo de aprendizagem da Matemática. As autoras apresentam pesquisas, analisam propostas de uso da calculadora em livros didáticos e descrevem experiências inovadoras em sala de aula em que a calculadora possibilitou avanços nos conhecimentos matemáticos dos estudantes dos anos iniciais do ensino fundamental. Trazem também diversas sugestões de uso da calculadora na sala de aula que podem contribuir para um novo olhar, por parte dos professores, para o uso dessa ferramenta no cotidiano da escola.

Pesquisa em ensino e sala de aula – Diferentes vozes em uma investigação
Autores: *Marcelo de Carvalho Borba, Helber Rangel Formiga Leite de Almeida e Telma Aparecida de Souza Gracias*

Pesquisa em ensino e sala de aula: diferentes vozes em uma investigação não se trata apenas de uma obra sobre metodologia de pesquisa: neste livro, os autores abordam diversos aspectos da pesquisa em ensino e suas relações com a sala de aula. Motivados por uma pergunta provocadora, eles apontam que as pesquisas em ensino são instigadas pela vivência dos professores em suas salas de aulas, e esse "cotidiano" dispara inquietações acerca de sua atuação, de sua formação, entre outras. Ainda, os autores lançam mão da metáfora das "vozes" para indicar que o pesquisador, seja iniciante ou mesmo experiente, não está sozinho em uma pesquisa, ele "escuta" a literatura e os referenciais teóricos e os entrelaça com a metodologia e os dados produzidos.

Pesquisa Qualitativa em Educação Matemática
Organizadores: *Marcelo de Carvalho Borba e Jussara de Loiola Araújo*

Os autores apresentam, neste livro, algumas das principais tendências no que tem sido denominado "Pesquisa Qualitativa em Educação Matemática". Essa visão de pesquisa está baseada na ideia de que há sempre um aspecto subjetivo no conhecimento produzido. Não há, nessa visão, neutralidade no conhecimento que se constrói. Os quatro capítulos explicam quatro linhas de pesquisa em Educação Matemática, na vertente qualitativa, que são representativas do que de importante vem sendo feito

Outros títulos da coleção

no Brasil. São capítulos que revelam a originalidade de seus autores na criação de novas direções de pesquisa.

Psicologia na Educação Matemática
Autor: *Jorge Tarcísio da Rocha Falcão*

Neste livro, o autor apresenta ao leitor a Psicologia da Educação Matemática, embasando sua visão em duas partes. Na primeira, ele discute temas como psicologia do desenvolvimento e psicologia escolar e da aprendizagem, mostrando como um novo domínio emerge dentro dessas áreas mais tradicionais. Em segundo lugar, são apresentados resultados de pesquisa, fazendo a conexão com a prática daqueles que militam na sala de aula. O autor defende a especificidade deste novo domínio, na medida em que é relevante considerar o objeto da aprendizagem, e sugere que a leitura deste livro seja complementada por outros desta coleção, como *Didática da Matemática: sua influência francesa, Informática e Educação Matemática e Filosofia da Educação Matemática.*

Relações de gênero, Educação Matemática e discurso – Enunciados sobre mulheres, homens e matemática
Autoras: *Maria Celeste Reis Fernandes de Souza e Maria da Conceição F. R. Fonseca*

Neste livro, as autoras nos convidam a refletir sobre o modo como as relações de gênero permeiam as práticas educativas, em particular as que se constituem no âmbito da Educação Matemática. Destacando o caráter discursivo dessas relações, a obra entrelaça os conceitos de *gênero*, *discurso* e *numeramento* para discutir enunciados envolvendo mulheres, homens e Matemática. As autoras elegeram quatro enunciados que circulam recorrentemente em diversas práticas sociais: "Homem é melhor em Matemática (do que mulher)"; "Mulher cuida melhor... mas precisa ser cuidada"; "O que é escrito vale mais" e "Mulher também tem direitos". A análise que elas propõem aqui mostra como os discursos sobre relações de gênero e matemática repercutem e produzem desigualdades, impregnando um amplo espectro de experiências que abrange aspectos afetivos e laborais da vida doméstica, relações de trabalho e modos de produção, produtos e estratégias da mídia, instâncias e preceitos legais e o cotidiano escolar.

Tendências internacionais em formação de professores de Matemática
Organizador: *Marcelo de Carvalho Borba*

Neste livro, alguns dos mais importantes pesquisadores em Educação Matemática, que trabalham em países como África do Sul, Estados Unidos, Israel, Dinamarca e diversas Ilhas do Pacífico, nos trazem resultados dos trabalhos desenvolvidos. Esses resultados e os dilemas apresentados por esses autores de renome internacional são complementados pelos comentários que Marcelo C. Borba faz na apresentação, buscando relacionar as experiências deles com aquelas vividas por nós no Brasil. Borba aproveita também para propor alguns problemas em aberto, que não foram tratados por eles, além de destacar um exemplo de investigação sobre a formação de professores de Matemática que foi desenvolvida no Brasil.

Este livro foi composto com tipografia Minion Pro e impresso em papel Off-White 80 g/m² na Formato Artes Gráficas.